"十二五"应用型本科系列规划教材

用 Maple 学大学数学

吴珞　徐俊林　等编

机械工业出版社

本书介绍使用 Maple 软件学习微积分、线性代数和数理统计等数学课程的方法，包括调用和制作动画理解数学概念和原理，使用 Student（学生）包、Task（任务）观看解题过程，以及运用 Maple 软件命令进行数学运算的方法。

全书共分四篇，第一篇预备知识包括第 1 章 Maple 软件使用基础知识；第二篇微积分包括第 2 章一元函数，第 3 章极限和连续，第 4 章导数、微分及其应用，第 5 章不定积分、定积分及其应用，第 6 章常微分方程，第 7 章空间解析几何，第 8 章偏导数及其应用，第 9 章重积分及其应用，第 10 章级数；第三篇线性代数包括第 11 章矩阵和行列式和第 12 章线性方程组和二次型；第四篇数理统计包括第 13 章统计分布、区间估计和假设检验，第 14 章方差分析和回归分析。基本上每章由自主学习、数学运算、命令小结和运算练习四部分组成。

本书的主要阅读对象为学习微积分、线性代数和数理统计等数学课程的大学生、大学数学教师、科学研究人员和工程技术人员。

图书在版编目（CIP）数据

用 Maple 学大学数学/吴珞等编. —北京：机械工业出版社，2014. 2（2024. 7 重印）
"十二五"应用型本科系列规划教材
ISBN 978-7-111-45147-1

Ⅰ.①用… Ⅱ.①吴… Ⅲ.①高等数学-应用软件-高等学校-教材 Ⅳ.①013

中国版本图书馆 CIP 数据核字（2013）第 303042 号

机械工业出版社（北京市百万庄大街 22 号　邮政编码 100037）
策划编辑：汤　嘉　责任编辑：汤　嘉　郑　玫
版式设计：霍永明　责任校对：李锦莉
封面设计：张　静　责任印制：刘　岚
北京中科印刷有限公司印刷
2024 年 7 月第 1 版·第 5 次印刷
184mm×260mm·9.5 印张·215 千字
标准书号：ISBN 978-7-111-45147-1
　　　　　ISBN 978-7-89405-236-0（光盘）
定价：28.00 元

电话服务　　　　　　　　　网络服务
客服电话:010-88361066　　机 工 官 网：www.cmpbook.com
　　　　　010-88379833　　机 工 官 博：weibo.com/cmp1952
　　　　　010-68326294　　金 书 网：www.golden-book.com
封底无防伪标均为盗版　机工教育服务网：www.cmpedu.com

前　言

20 世纪 80 年代，科学家们为精确、高效地进行数学计算，不约而同地进行数学软件的开发，其中代表性的软件有 Mathematica、MATLAB 和 Maple 等。30 年来，随着计算机软硬件技术的突飞猛进，数学计算方法的日臻完善，使得数学软件的运算能力和速度不断提升，被广泛应用于科学研究、工程技术领域之中。近年来，数学软件公司在注重提高软件运算能力的同时，发挥数学软件的符号运算和图形处理特长，关注计算机辅助教学功能的开发。

Maple 软件是当今主流的数学软件之一，不仅具有强大的数学运算、绘图等功能，而且其辅助教学功能也有独到之处。

在数学运算方面，Maple 软件内置 5000 多个数学函数，覆盖众多学科，其中涉及数学的有微积分、线性代数、组合优化、特殊函数、统计学、微分方程、数值分析和离散数学等。Maple 软件为使用者提供了操作便捷的技术文件界面，在单个文件中能集成数学运算、图形动画、文字、视频等。在很多情况下，通过智能右键菜单或单个命令就可以完成复杂的数学运算任务。

在动画制作方面，Maple 软件内置的动画和制作动画命令，使得教师和学生能方便地调用和制作动画。首先，Maple 软件有内置应用程序 Math Apps（数学应用程序），提供了 500 多个交互式动画。2013 年，Maplesoft 公司针对教育用户发布了 Möbius Project，为广大 Maple 用户提供了一个创建和分享交互式 Math Apps 的环境，其中包括滑动条、按钮、数学输入控件、文字、绘图、视频等，以及使用 Maple 高级编程语言控制这些组件行为的功能，使得编写 Math Apps 更加方便。其次，Maple 软件的 Student 包和 Task 包含了许多运算模板和动画，并按照应用领域归类，可方便地被调用。最后，Maple 软件的 animate 命令也可方便地制作动画。这些功能的使用，将使教学更加生动、形象。

在自主学习方面，Maple 软件提供了使用方便的 Student 包和 Task，能够覆盖微积分、线性代数、统计学和数值分析等数学内容，使用其可分步展示解题过程和 Maple 命令使用方法，能辅助教师多媒体教学，并方便学生自学。

本书内容涉及微积分、线性代数和数理统计等数学课程，从动画制作、自主学习和数学运算等三方面展示使用 Maple 软件辅助教师教学和学生学习的方法，这将使教师的教学更加生动、形象，学生的学习更加有趣、自主。

本书使用 Maple17 编写所附光盘的 Maple 软件文档，其中包括了教材内所有 Maple 软件命令，读者可使用光盘中由 Maplesoft 软件公司免费提供的 MaplePlayer 软件阅读，也可使用 Maple 软件运行。

Maple 软件是一个庞大的计算机软件系统，本书只是从微积分、线性代数和数理统计等数学课程的教学和数学实验的视角介绍了 Maple 软件相关基本操作。限于篇幅，即便是本教材提到的 Maple 命令，也不一定能将其全部功能介绍给读者。读者可使用 Maple 软件的帮助文件了解各类命令详细的使用方法和案例。另外，Maplesoft 软件公司的官方网站 www.maplesoft.com 以及其中国大陆办事处莎益博工程系统开发(上海)有限公司的官方网站 www.cybernet.sh.cn 提供了丰富的、不断更新的、多形式的学习资料。读者使用这些资料可进行深入学习。

本书第 1、12、13、14 章由吴珞编写，第 2 章至第 6 章由贺向阳编写，第 7 章至第 11 章由徐俊林编写，全书由毛力奋主审。由于水平有限以及时间仓促，本教材一定存在一些不足，希望读者批评指正。

编　者

目 录

第1篇 预 备 知 识

第1章 Maple 软件使用基础知识

本章介绍 Maple 软件及其在 Windows 系统下的安装、启动、基本操作方法和基本运算功能。

1.1 Maple 软件简介

Maple 软件是 1980 年由加拿大滑铁卢大学两位教授 Keith Geddes 和 Gaston Gonnet 领导的科研小组开发，并以加拿大的国树枫叶（Maple）命名的数学软件。1988 年，Maplesoft 公司成立，开始面向全球销售 Maple 软件（以下简称 Maple）。目前，Maple 已成为世界上最为通用的数学和工程计算软件之一，被广泛地应用于科学、工程和教育等领域。30 多年来，Maple 的功能不断增强，并且基于 Maple 开发了一系列的工具软件，主要有在线考试和自动评分系统 Maple T. A. 、多学科系统建模和仿真平台 MapleSim 等。Maple 的主要功能包括以下五个方面。

1.1.1 数值和符号计算

Maple 提供无误差的符号计算和任意精度的数值计算，基本版提供了超过 5000 个数学函数和庞大的数学知识库，其内容基本覆盖所有的数学领域，包括微积分、线性代数、离散数学、概率论和数理统计、图论、张量分析、解析几何、金融数学、矩阵计算、组合数学、矢量分析、抽象代数、数论、复分析和实分析、特殊函数、编码和密码理论、优化等诸多领域。Maple 的使用非常便捷，很多情况下只需要一个命令就可以完成复杂的数学运算任务。

1.1.2 可视化功能

Maple 提供多达 170 多个二维、三维绘图和动画函数，包括各种坐标系下的点图、线图、等高图、复平面、极坐标、向量场、密度、保角变换、微分方程相图、统计图等图形。

1.1.3 应用程序开发

Maple 提供完整的编程语言。由于其内核使用 C 语言和 Cilk（C 语言的并行版）编译，所以 Maple 的语法与我们熟悉的 C 语言非常接近。同时，Maple 也吸收了其他语言的特点，因此 Maple 使用非常灵活，而且支持不同风格编写代码，例如过程编程、函数编程、面向对象编程等。在开发应用程序时，我们还可以使用其内置的图形化用户界面（GUI）组件封装这些代码，形成易于使用的 APPs。

1.1.4　技术文件的生成

Maple 的工作环境与 Office 软件有许多相似之处，可以在单个文件中集成计算、文字、图形、图片、视频等内容。我们还可以使用 Maple 创建电子版教科书和交互式的教学课件。

1.1.5　辅助教学

Maple 具有强大的辅助教学和自主学习功能。首先，Maple 特别提供了使用方便的 Student（学生）包和 Task（任务），其内容包括微积分、线性代数、统计学和数值分析，使用其可分步展示解题过程，辅助教师多媒体教学，同时方便学生自学。其次，Maple 内置的交互式应用程序 Math Apps，"Task（任务）"及动画制作命令可方便地展示、制作动画，帮助教师形象地讲解概念与原理，提高学生的学习兴趣。

1.2　Maple 17 for Windows 的安装须知

Maple 是一个跨平台软件，适用于各种主流操作系统，包括 Windows 系统、Linux 系统、Mac 系统等。用户在安装软件时需要注意，Maple 的安装程序分为 32 位和 64 位，例如 Maple 17 的安装，在 32 位 Windows 系统下需要使用 Maple17WindowsInstaller. exe，而在 64 位 Windows 系统下需要使用 Maple17WindowsX86 _ 64Installer. exe。此外，Maple 对计算机硬件的建议配置是不小于 2GB 内存和不小于 3GB 可用硬盘空间。

1.3　Maple 17 for Windows 版本的基本操作

我们可以从计算机的开始菜单或者从桌面快捷方式打开 Maple。Maple 提供两种工作界面：文件界面和工作表界面，默认界面是文件界面，如图 1-1 所示。文件界面和工作表界面具有相同的功能，仅是初始状态和设置上有所区别，我们可以方便地进行两种界面的切换。

1.3.1　文件界面

文件界面适用于输入 2D 数学表达式，快速求解问题；也可用于创建美观的技术文件。Maple 有三种工作模式，其一是点击工具栏上的按钮 T，进入纯文字模式，在光标后面只能输入纯文字；其二是点击按钮 ▷，进入命令行模式；其三是点击按钮 ⊠，进入文件块模式。点击上述三个快捷键可实现模式的转换。

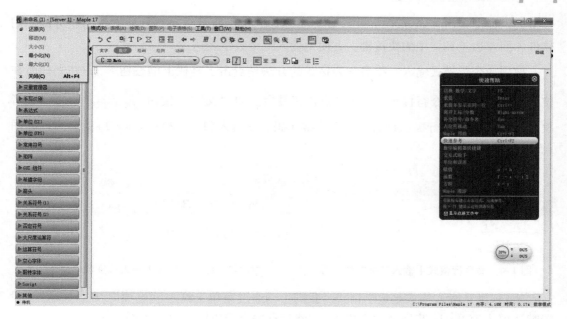

图1-1　文件界面

这三种模式中都可以输入数学表达式和文字，点击工具栏上的"文字"和"数学"按钮 文字　数学 （或者按 F5 键）可进行文字格式和数学格式的切换。命令行模式中的数学表达式，无论是文字格式还是数学格式都可以用 Maple 运算；纯文字模式和文件块模式中的数学表达式，只有在数学格式下输入的才可使用 Maple 运算。另外，数学格式中编写的公式是二维的，而文字格式中编写的数学表达式是一维的。

在文件块模式中输入文字和一维数学表达式的方法是选择文字格式，光标显示为垂直线，随后可进行录入。通常这种模式用于输入描述性的文字，如图 1-2 所示。

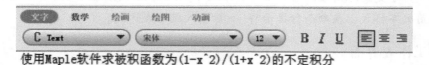

图1-2　文字格式

在文件块模式中输入二维数学表达式的方法是选择数学格式，光标显示为斜体，周围有虚线框。数学格式下输入的内容，都被视为可执行命令，按回车键后会另起一行显示结果。如键入 $(1 - x\hat{}2)/(1 + x\hat{}2)$ 就会出现如图 1-3 所示结果。

使用命令行模式输入二维数学表达式的方法是点击工具栏上的按钮 $[>$ ，在光标所在位置上插入一行命令行提示符 $[>$ ，默认格式是二维数

图1-3　数学格式

学格式。如键入 $(1-x^2)/(1+x^2)$ 就会出现如图 1-4 所示结果。另外，我们还可以使用软件界面左边工具栏中的快捷键，方便地输入二维数学表达式。

使用命令行模式输入一维数学表达式的方法是点击工具栏上的按钮 **[>** ，在光标所在位置上插入一行命令行提示符 [> ，点击工具栏上的"文字"按钮 文字 数学 （或者按 F5 键），在命令行提示符后可输入一维代码。如键入 $(1-x^2)/(1+x^2)$ 就会出现如图 1-5 所示的结果。

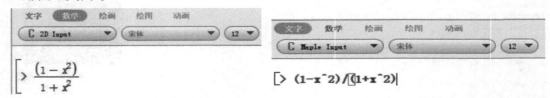

图 1-4　命令行模式中输入二维数学符号　　　图 1-5　命令行模式中输入一维数学符号

Maple 默认输入格式是数学格式。我们可以通过菜单工具→"选项"→"显示"，设置默认模式为 Maple 符号（文字格式），然后点击全局应用按钮（见图 1-6）。

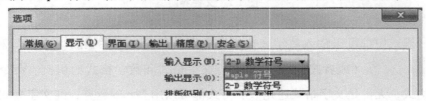

图 1-6　设置默认输入格式为文字格式

二维数学表达式转换为一维数学表达式的方法是用鼠标右键单击表达式，从弹出的菜单中选择如下选项"2 − D 数学符号"→"转换为"→"1 − D Math Input（I）"。

注意：为了更好地向读者显示程序，本文中的所有数学表达式均使用一维格式。其输入方法选用文字格式，在命令行提示符[>后输入数学表达式。

1.3.2　工作表界面

工作表界面（见图 1-7 和图 1-8）适用于编程，其有关文字和数学表达式的操作与文件界面相同。

图 1-7　使用菜单新建一个工作表界面

图 1-8　工作表界面

1.3.3　常见操作

进入 Maple 窗口后，可通过"帮助"菜单了解 Maple 的操作和使用方法。另外，也可以通过 Maplesoft 公司的官方网站 www. maplesoft. com 查询 Maple 操作方法和应用案例。

输入数学表达式后，如果要进行数学运算，需将光标放在要运算的数学表达式上，按回车键，或单击工具栏上的执行按钮 !，也可单击鼠标右键，使用弹出的右键菜单求解数学问题。

Maple 将每次输入记录在案，输出将另起一行居中显示，后面自动附加一个标签（见图 1-9）。

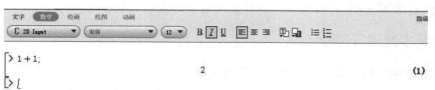

图 1-9　加法运算

本书以后在叙述到上述运算时，写成：

　　　[>1 +1；

$$2$$

注意：[>是 Maple 自动显示的命令行提示符，无需我们手工输入。如要显示输出结果，可在运算表达式后加"；"；如不要显示输出结果，则在运算表达式后加"："。Maple 中的运算命令必须在英文模式下输入，不然，Maple 不能运算。

如果要删除单个文字，可以使用"Del"键；如果要删除整行，可以使用 Ctrl + Del 组合键，Maple 的这一"超级删除"功能键可用于对复杂对象的整行删除操作。

当输入的数学表达式较长时，为了在窗口中看到整个数学表达式，可将光标停在任一运算符后面并按 Shift + Enter 组合键，便可使数学表达式换行。

如要同时计算几个数学表达式，实现方法有两种。其一是在每个数学表达式后面加

";"，然后按回车键或单击工具栏上的执行按钮 ![!]。例如：

$$[> 1+1;2-6;$$

$$2$$

$$-4$$

其二是分别输入数学表达式并点击工具栏上的按钮 ![!!!]，Maple 将执行文件中的所有运算。
例如：

$$[> 1+1;$$

$$2$$

$$[> 2-6;$$

$$-4$$

Maple 的许多操作和菜单与 Word 是一样的。在以后操作中使用较多的打开、关闭、
复制、存盘等与 Word 操作完全一致，这里就不一一介绍了。

1.4 Maple 的基本运算功能

1.4.1 数的表示

在 Maple 中，数的表示有精确数与浮点数两种形式。除几个常用的数学常数（如 Pi 表
示 π，exp(1) 表示 $e = 2.718281\cdots\cdots$）外，与通常的表示基本相同。

1.4.2 基本的运算符号

在 Maple 中，加、减、乘、除、乘幂分别用 +、−、*、/、^表示。

1.4.3 数字运算规则

Maple 的数字运算规则与通常数的运算规则相同，由高到低的优先级依次为：乘方、
乘（除）、加（减），连续几个同级运算（除乘方外）从左到右进行，用圆括号可改变运
算的次序，例子如表 1-1 所示：

表 1-1 四则运算输入法

数学表达式	键盘输入方法
$\dfrac{2^2}{2}+1$	2^2/2 + 1
$\dfrac{x}{2}+1$	x/2 + 1
$\dfrac{x}{y+z}$	x/(y+z)

注意：数学表达式中括号无论有多少层只允许使用圆括号，且圆括号必须成对出现。任何乘法符号不要省略，以免造成错误，例如：$(1+2)*3,4*1/3$。

1.4.4　比较算符

Maple 共有六个比较算符，其表达方式如表 1-2 所示。

表 1-2　比较算符输入法

比 较 算 符	数 学 意 义	键盘输入方法
=	等号	=
>	大于	>
<	小于	<
≤	小于等于	<=
≥	大于等于	>=
≠	不等于	< >

注意：在 Maple 中，等于号"＝"也表示方程等式。在 Maple 中，$x=x$ 表示一个代数方程，而不是一个布尔表达式。如要判别 x 与 x 是否相等，需使用 evalb$(x=x)$ 或 is$(x=x)$。Maple 自动求值为布尔表达式发生在以下情况下：

（1）包含逻辑算子；

（2）if 语句中的条件判断；

（3）while 语句中的循环语句。

例 1.1　比较 $1.2^{1.1}$ 与 $1.1^{1.2}$ 的大小。

解　在 Maple 中做如下运算：

　　　[> is(1.2^1.1 > 1.1^1.2)；

true

或者

　　　[> evalb(1.2^1.1 > 1.1^1.2)；

true

这表示 $1.2^{1.1} > 1.1^{1.2}$。

1.4.5　求算式的值

算式是指由数字、变量、＋、－、＊、／、^及圆括号构成的合理数学表达式。

注意：算式里的括号无论有多少层只允许使用圆括号。当输入式子中的所有数字都是精确数时，输出结果是精确数，其中可能出现不可约分数；否则输出结果是浮点数。

求算式的值有以下三种方法。

（1）直接计算法

例 1.2　计算 $2 \cdot (3+4) - 2^{2+1}$。

解　在 Maple 中做如下运算：

$$[\ > 2*(3+4) - 2\char`^(2+1);$$

$$6$$

解得：$2*(3+4) - 2^{2+1} = 6$。

例 1.3　计算 2^{100}。

解　在 Maple 中做如下运算：

$$[\ > 2\char`^100;$$

$$1267650600228229401496703205376$$

以上方法与下面方法比较。

$$[\ > 2.0\char`^100;$$

$$1.267650600 \quad 10^{30}$$

解得：$2^{100} = 1267650600228229401496703205376 \approx 1.26765 \times 10^{30}$。

例 1.4　计算 $\sqrt[3]{-2}$ 的数值。

解　在 Maple 中做如下运算：

$$[\ > (-2.)\char`^(1/3);$$

$$0.6299605250 + 1.091123636\mathrm{I}$$

其中 I 表示虚数单位。$\sqrt[3]{-2}$ 的数值理应是实数，而 Maple 计算结果却是复数，这是因为 Maple 是将任一数的指数运算化成 e 的指数进行运算处理的。就上述例题而言，是将 $\sqrt[3]{-2}$ 化成 $e^{\log(-2)^{1/3}}$ 进行计算，从而导致复数的结果。为了得到正确结果，我们应这样计算：

$$[\ > -2.0\char`^(1/3);$$

$$-1.259921050$$

解得：$\sqrt[3]{-2} \approx -1.259921050$。

（2）evalf（表达式）计算法

用 evalf（表达式）方法计算的结果是有效数字为十位的近似值。

例 1.5　计算 $\dfrac{1}{35} + \dfrac{3}{136}$。

解　在 Maple 中做如下运算：

$$[\ > 1/35 + 3/136;$$

$$\frac{241}{4760}$$

$$[\ > \mathrm{evalf}(1/35 + 3/136);$$

$$0.05063025210$$

解得：$\dfrac{1}{35} + \dfrac{3}{136} = \dfrac{241}{4760} \approx 0.05063025210$。

例 1.6　计算 $\dfrac{1}{300}$ 的数值。

解　在 Maple 中做如下运算：

　　[> evalf(1/300);

$$0.003333333333$$

解得：$\dfrac{1}{300} \approx 0.00333333$。

（3）　evalf［n］（表达式）计算法

用 evalf［n］（表达式）方法计算的结果是有效数字为 n 位的十进制数。

例 1.7　计算 $\dfrac{1}{300}$ 的数值，要求有效数字为 20 位。

解　在 Maple 中做如下运算：

　　[> evalf［20］(1/300);

$$0.0033333333333333333333$$

或者

　　[> Digits：= 20;

$$Digits：= 20$$

　　[> evalf(1/300);

$$0.0033333333333333333333$$

解得：$\dfrac{1}{300} \approx 0.0033333333333333333333$。

　　Maple 的运算功能是很强的，但由于计算机内存及计算机速度的限制，对过于复杂的计算，Maple 会因计算时间过长而停止计算。

1.4.6　调用已有的计算结果

　　在计算过程中，有时在后面的计算中可能需要用到前面已有的计算结果，Maple 提供一种简单的调用方式：

　　%　　　表示调用上一输出结果；

　　%%　　表示调用上面倒数第二个输出结果；

也可以使用 Ctrl + L 键调用方程标签对话框。

例 1.8　计算 2^2，$2^2 + 5$ 及 $2^2 - (2^2 + 5)$。

解　在 Maple 中做如下运算：

　　[> 2^2;

$$4$$

　　[> % + 5;

$$9$$

　　[> %% - %;

$$-5$$

解得：$2^2 = 4$，$2^2 + 5 = 9$ 及 $2^2 - (2^2 + 5) = -5$。

1.4.7 符号运算

Maple 中也可以进行符号运算，例如因式分解、展开和化简可分别用命令 factor，expand 和 simplify 实现，它们的功能由以下实例说明。

例 1.9　因式分解 $a^2 - b^2$，展开 $(a-b)(a+b)$，展开并化简 $\dfrac{(a+b)^2}{a^2 + 2ab + b^2}$。

解　在 Maple 中做如下运算：

$[> \text{restart}：$

$[> \text{factor}(a\text{\textasciicircum}2 - b\text{\textasciicircum}2)；$

$$(a+b)(a-b)$$

$[> \text{expand}((a+b) * (a-b))；$

$$a^2 - b^2$$

$[> \text{expand}((a+b)\text{\textasciicircum}2/(a\text{\textasciicircum}2 + 2*a*b + b\text{\textasciicircum}2))；$

$$\frac{a^2}{a^2 + 2ab + b^2} + \frac{2ab}{a^2 + 2ab + b^2} + \frac{b^2}{a^2 + 2ab + b^2}$$

$[> \text{simplify}(\text{expand}((a+b)\text{\textasciicircum}2/(a\text{\textasciicircum}2 + 2*a*b + b\text{\textasciicircum}2)))；$

$$1$$

1.4.8 变量与系统内的常数和函数

（1）变量名

变量名是由字母开头的字母和数字组成的字符串，切记不能以数字开头。变量名中不能带有空格、标点符号、运算符号等。例如：yy、x3s 是变量名，但 3s、s * r、d e 就不是变量名。

（2）重要常数和基本初等函数

Maple 具有几百个常用的数学常数及函数，包括基本初等函数和一些特殊函数，下面介绍一些常用的常数和函数的表达方式。（详见命令小结中表 1-3）

例 1.10　从下面几个例子来观察输入方式与输出格式之间的联系。

$[> \exp(2.)；$

$$7.389056099$$

$[> \exp(2)；$

$$e^2$$

$[> \text{evalf}(\exp(2))；$

$$7.389056099$$

从以上实例可看到：如希望使用 Maple 系统内的重要常数和基本初等函数进行数值计算，则必须以小数形式输入数值或使用 evalf 命令。

（3）函数运算

在 Maple 中，函数和函数、函数和数字之间的运算与一般数学运算方法一样。函数与函数的复合可以用函数名之间的嵌套来实现。例如：$\sin(\tan(x))$ 表示 $\sin(\tan(x))$。

1.4.9　求方程及方程组的解

Maple 中主要有两个命令求解方程或方程组，

求解一个或多个方程的精确解：

$[>\mathrm{solve}(\{方程\,1,方程\,2,\cdots,方程\,n\},\{未知量\,1,未知量\,2,\cdots,未知量\,m\})$；

求解一个或多个方程的浮点解：

$[>\mathrm{fsolve}(\{方程\,1,方程\,2,\cdots,方程\,n\},\{未知量\,1,未知量\,2,\cdots,未知量\,m\})$。

例 1. 11　求方程 $x^4-13x^2+36=0$ 的解。

解　在 Maple 中做如下运算：

$[>\mathrm{restart}$；

$[>\mathrm{solve}(\{x^4-13*x^2+36=0\},\{x\})$；

$$\{x=2\},\{x=3\},\{x=-3\},\{x=-2\}$$

$[>\mathrm{fsolve}(\{x^4-13*x^2+36=0\},\{x\})$；

$$\{x=-3.\},\{x=-2.\},\{x=2.\},\{x=3.\}$$

因此，所求解为：$x_1=-3$，$x_2=-2$，$x_3=2$，$x_4=3$。

例 1. 12　求解方程组：$\begin{cases}x^2+y^2=2xy+4,\\ x+y=1。\end{cases}$

解　在 Maple 中做如下运算：

$[>\mathrm{restart}$；

$[>\mathrm{solve}(\{x^2+y^2=2*x*y+4,x+y=1\},\{x,y\})$；

$$\left\{x=\frac{3}{2},y=-\frac{1}{2}\right\},\left\{x=-\frac{1}{2},y=\frac{3}{2}\right\}$$

$[>\mathrm{fsolve}(\{x^2+y^2=2*x*y+4,x+y=1\},\{x,y\})$；

$$\{x=1.500000000,y=-0.5000000000\}$$

因此，所求方程组的解为 $x_1=-0.5$，$y_1=1.5$ 和 $x_2=1.5$，$y_2=-0.5$。

在求参数方程或方程组的解时，需要使用 parametric 参数项。

例 1. 13　求解方程组：$\begin{cases}x=2,\\ x=c。\end{cases}$

解　在 Maple 中做如下运算：

$[>\mathrm{restart}$；

$[>\mathrm{solve}(\{x=2,x=c\},\{x\})$；

$[>\mathrm{solve}(\{x=2,x=c\},\{x\},'\,\mathrm{parametric}\,')$；

$$\begin{cases}\%\,SolveTools_{Engine}(\{x-2,x-c\},\{x\}) & -2+c\neq0\\ [\{x=2\}] & -2+c=0\end{cases}$$

$[>\mathrm{value}(\%)$；

$$\begin{cases} \begin{bmatrix} \quad \end{bmatrix} & -2 + c \neq 0 \\ \begin{bmatrix} \{x = 2\} \end{bmatrix} & -2 + c = 0 \end{cases}$$

可以发现 solve 不能求解参数方程，而使用 solve/parametric 命令运算的结果是：当 $c = 2$ 时，方程组有解 $x = 2$；当 $c \neq 2$ 时，方程组无解。

1.4.10　方程组消元

如要消去一方程组中的某些变量，可使用 eliminate 命令来实现，其格式如下：

$\begin{bmatrix} > \text{eliminate}(\{\text{方程} 1, \text{方程} 2, \cdots, \text{方程} n\}, \{\text{消去变量} 1, \text{消去变量} 2, \cdots, \text{消去变量} m\}); \end{bmatrix}$

例 1.14　消去方程组：$\begin{cases} x^2 + y^2 + z^2 = 1 \\ x + y + z = 0 \end{cases}$ 中的变量 z。

解　在 Maple 中做如下运算：

$\begin{bmatrix} > \text{restart}; \end{bmatrix}$

$\begin{bmatrix} > \text{eliminate}(\{x\wedge 2 + y\wedge 2 + z\wedge 2 = 1, x + y + z = 0\}, \{z\}); \end{bmatrix}$

$$\begin{bmatrix} \{z = -x - y\}, \{2x^2 + 2xy + 2y^2 - 1\} \end{bmatrix}$$

解得：消去方程组中的变量 z 后所得方程 $2x^2 + 2xy + 2y^2 = 1$。

1.4.11　函数和函数包的使用

Maple 将其函数或命令分为两类：主函数库（main library）和函数包（Package）。主函数库包含最常用的函数或命令，例如 sin，taylor，int，exp，dsolve，solve，fsolve，rhs 和 eval 等，其余的函数或命令，则按照领域打包成大约 100 个不同的函数包，如代数、统计、微分几何、优化等函数包。为了节省内存，当启动 Maple 时，主函数库会自动加载，函数包并不会自动加载，使用时需使用命令调用。调用函数包的格式有短格式和长格式两种，具体调用格式如下：

短格式：首先用 with 语句加载函数包 PackageName，然后直接使用命令进行运算；

长格式：PackageName[CommandName] 或者 PackageName: - CommandName。

例 1.15　绘制 $0 < x + y$ 的图形。

解　我们先使用短格式，在 Maple 中做如下运算：

$\begin{bmatrix} > \text{restart}; \end{bmatrix}$

$\begin{bmatrix} > \text{with}(\text{plots}); \end{bmatrix}$

$\begin{bmatrix} > \text{inequal}(0 < x + y, x = -3..3, y = -3..3); \end{bmatrix}$

输出结果如图 1-10 所示。

我们也可以使用长格式，在 Maple 中做如下运算：

$\begin{bmatrix} > \text{plots}[\text{inequal}](0 < x + y, x = -3..3, y = -3..3); \end{bmatrix}$

或者

$\begin{bmatrix} > \text{plots}: - \text{inequal}(0 < x + y, x = -3..3, y = -3..3); \end{bmatrix}$

运行以上命令可得到同样的图形（见图 1-10）。

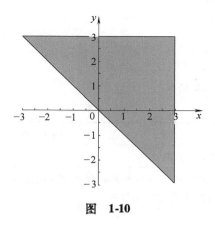

图　1-10

1.4.12　动画制作

Maple 有动画制作命令，我们可使用这些命令制作动画从而辅助理解数学概念和原理。下面介绍制作动画的方法。在 Maple 中运算：

$[\,>$ restart：

$[\,>$ with(plots)：

$[\,>$ animate(plot3d,[[(sin(t)+1)*cos(s),(sin(t)+1)*sin(s),t],s=0..2*Pi*(i/20),t=0..2*Pi],i=1..20)；

输出结果如图 1-11 所示。

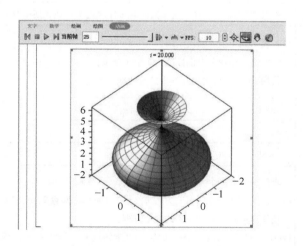

图　1-11

执行上述语句后，用鼠标点击图形（见图 1-11），Maple 窗口上侧的工具栏将显示图 1-12 所示动画控制工具条，我们可以通过其中的按钮控制动画的播放。

图 1-12　动画控制工具条

1.5　命令小结

命令小结如表1-3、表1-4 所示。

表　1-3

运　　算	Maple 命令
数的表示	精确数与浮点数
变量的表示	变量名由字母开头的字母和数字的字符串组成,切记不能以数字开头。变量名中不能带有空格、标点符号、运算符号等
加、减、乘、除、乘幂	$+$、$-$、$*$、$\sqrt{}$、$\hat{}$
数字运算规则	Maple 的数字运算规则与通常数的运算规则相同,其由高到低的优先级依次为:乘方,乘(除),加(减),连续几个同级运算(除乘方外)从左到右进行,用小括号可改变运算的次序。注意:数学表达式中括号无论有多少层只允许是圆括号,且圆括号必须成对出现。任何乘法符号不要省略,以避免造成错误
等号	$=$
大于和小于	$>$ 和 $<$
小于等于和大于等于	$<=$ 和 $>=$
不等于	$<>$
算式求值	eval(表达式);evalf(表达式);evalf[n](表达式)(或先使用 Digits:$=n$ 命令,再使用 evalf)
调用已有的结果	% 表示调用上一输出结果; % % 表示调用上面倒数第二个输出结果; 使用 Ctrl + L 键调用方程标签对话框
因式分解	factor
因式展开	expand
化简	simplify
求方程或方程组的解	求解一个或多个方程组的精确解: solve({方程 1,方程 2,…,方程 n},{未知量 1,未知量 2,…,未知量 m}); 使用浮点算法求解一个或多个方程: fsolve({方程 1,方程 2,…,方程 n},{未知量 1,未知量 2,…,未知量 m}); 求解参数方程: solve({方程 1,方程 2,…,方程 n},{未知量 1,未知量 2,…,未知量 m},'parametric');
方程组的消元	eliminate ({方程 1,方程 2,…,方程 n},{消去变量 1,消去变量 2,…,消去变量 m})
调用函数包	长格式:PackageName[CommandName]或者 PackageName:-CommandName; 短格式:首先用 with(PackageName),然后直接使用命令名进行运算

表 1-4　常用的 Maple 系统内的常数和函数

$e \approx 2.71828$	exp(1)
$\pi \approx 3.14159$	Pi
$i = \sqrt{-1}$	I
n 阶乘 $1 \times 2 \times 3 \times \cdots \times n$	n!
$+\infty$	infinity
$-\infty$	$-$ infinity
$\|x\|$	abs(x)
$\sqrt{x}$	sqrt(x)
e^x	exp(x)
自然对数函数 $\ln x$	ln(x)
对数函数 $\log_b x$	log[b](x)
指数函数 a^x	a^x
三角函数	sin(x), cos(x), tan(x), cot(x), sec(x), csc(x)
反三角函数	arcsin(x), arccos(x), arctan(x), arccot(x), arcsec(x), arccsc(x)
双曲函数	sinh(x), cosh(x), tanh(x), coth(x)
反双曲函数	arcsinh(x), arccosh(x), arctanh(x), arccoth(x)

1.6　运算练习

1. 计算下列各题的数值：

（1）$\left(\dfrac{49}{64} - \dfrac{64}{81}\right) \div \left(\dfrac{7}{8} - \dfrac{8}{9}\right)$；

（2）$\sin\dfrac{\pi}{3} + \ln 10 - \dfrac{\tan\dfrac{\pi}{8}}{2} + e^2$；

（3）$-2^2 + (-\sqrt{2})^3 - 3^3$。

2. 求式子 $\pi + \dfrac{2}{3}$ 有效数字为六位和十位的近似值。

3. 用 expand 语句展开下列代数式：

（1）$(1 + x + 3y)^4$；

（2）$(x + 2y + 1)(x - 2)^2$。

4. 用 factor 语句因式分解下列代数式：

（1）$a^2 + y^2 - 2ay - b^2 - x^2 + 2bx$；

（2）$(x + 2y)^2 + 3x + 6y - 18$。

5. 用 simplify 语句化简下列代数式：

（1）$(x - 2y)^2 - (x + 2y - 3)^2$；

（2）$\dfrac{3}{1+a} - \dfrac{12}{a^2-1} - \dfrac{6}{1-a}$。

6. 试用比较算符判断 $\log_n 47 \leqslant 3$，当 $n = e$, 3, 4, 5 时的正确性。

7. 求解下列方程或方程组：

（1）$(x + 1)(x + 3) = 15$；

（2）$x^4 - 13x^2 + 36 = 0$；

(3) $\begin{cases} x^2 + 4y^2 = 5, \\ x + 2y = 1; \end{cases}$ (4) $\begin{cases} x^2 + y^2 = 1, \\ y - 2x = 1; \end{cases}$

(5) $\begin{cases} 3x + 2y + z = 39, \\ 2x + 3y + z = 34, \\ x + 2y + 3z = 26; \end{cases}$ (6) $\begin{cases} 5x + y + z = 6, \\ x + 5y + z = -2, \\ x + y + 5z = 10. \end{cases}$

8. 已知方程组 $\begin{cases} 2x^2 + z^2 - 4y - 4z = 0, \\ x^2 + 3z^2 + 8y - 12z = 0 \end{cases}$ 求分别消去 x 和 z 所得的方程。

9. 试用 Maple 中的逻辑运算符书写下列不等式:

(1) $1 \leqslant x \leqslant 2$;   (2) $|x - 1| \geqslant 3$。

10. 试用 Maple 中输入格式书写下列表达式:

(1) $(x - 2)^2 (2x + 1)^4$;   (2) $\dfrac{2x}{x^2 - 3x + 2}$;

(3) $\dfrac{1}{x} - \sqrt{1 - x^2}$;   (4) $\dfrac{(n + 1)^{n+1}}{n^{n+1}}$;

(5) $x[\ln(x + a) - \ln x]$;   (6) $\dfrac{\sin x}{\pi - x}$;

(7) $\left(\dfrac{x}{1 + x}\right)^{x+2}$;   (8) $(1 + \tan x)^{\cot x}$;

(9) $\dfrac{x}{2} r^2 \sin \dfrac{2\pi}{x}$;   (10) $\dfrac{1 - \cos^2 x}{x(1 - e^x)}$;

(11) $x\left(\sin \dfrac{1}{x} + \cos \dfrac{1}{x}\right)$;   (12) $e^{\frac{1}{x}}$;

(13) $y = e^{-x^2} \cos(e^{-x^2})$;   (14) $\arctan \dfrac{y}{x} = \ln \sqrt{x^2 + y^2}$;

(15) $x^2 - xy + y^2 = 1$。

第2篇 微 积 分

第2章 一 元 函 数

本章介绍使用 Maple 学习函数及其基本性质的方法,包括"数学应用程序(Math Apps)"中相关动画的调用、"Student(学生)"包中有关操作、自定义函数、求函数值、绘制一元函数图形和分析函数性质的方法等。

2.1 动画制作

我们可通过工具菜单调用"数学应用程序(Math Apps)"中的"Functions and Relations(函数与关系)",通过其中的各种数学应用程序直观、形象地理解函数、反函数(Inverse Functions)和复合函数(Function Composition)的定义及性质,也可通过"Functions and Relations(函数与关系)","Graphing(作图)"和"Trigonometry(三角函数)"中的数学应用程序理解直角坐标系、极坐标系以及初等函数的图形及性质。

2.2 自主学习

Maple 提供了"Student(学生)"包,方便教师教学和学生自主学习。有关函数的有两个,其一是"Calculus1(微积分-单变量)"包,通过工具菜单选择"微积分-单变量"→"反函数(Function Inverse)",进入"求反函数"对话框,输入函数和区域,单击"display(显示)"键即可求得反函数、函数及其反函数图像。也可以输入:

[> Student[Calculus1][InverseTutor]();

命令,按"enter"键进入"Calculus1-Function Inverse(微积分1-反函数)"对话框。

其二是"Precalculus(预科微积分)"包。可通过"工具"菜单中"向导"→"预科微积分(Precalculus)"进入相关的对话框。也可以使用以下命令调用,

[> Student[Precalculus][command]();

其中"command"项命令可见表2-1。

另外,我们可在"工具"菜单中选择"任务(Task)"→"浏览"→"Plots(图像)",在其中选择"Plot a 2-D Function(二维函数图

表2-1 预科微积分命令一览表

command	功　能
CompositionTutor	求复合函数及图形
LinearInequalitiesTutor	不等式组图形
ConicsTutor	圆锥曲线图形
StandardFunctionsTutor	三角函数图形
LineTutor	直线图形
RationalFunctionTutor	有理函数图形

形)"和"Point Plot（点的图形）"，可绘制一元函数和点的图形。

2.3 数学运算

2.3.1 定义函数

Maple 中自定义初等函数需要使用算子（也称箭头操作符），其命令格式为：

[> 函数名：= 变量名 –> 函数表达式；

也可以使用面板定义函数。将光标放在命令输入提示符上，展开 Maple 窗口左侧的"表达式"面板，点击如图 2-1 所示控件，会出现一元函数定义模板。

需要注意的是，在 Maple 中，函数和表达式的定义格式是不同的，表达式的定义如下：

[> g：= 表达式；

$$f：= a \rightarrow y$$

图 2-1　定义一元函数

可以使用 unapply 命令将表达式转换为函数，其格式为：

[> unapply(g，变量名)；

注意：等号（=）和赋值语句（：=）之间是有差别的，等号（=）通常用于等式判断（类似于 C 语言中的 ==），或者表示方程等式。

例 2.1 定义 $f(x) = x^2$，并求 $f(2)$ 的值。

解　在 Maple 中做如下运算：

[> restart：

[> f：= x – > x^2：

[> f(2)；

4

在 Maple 中，我们可使用条件命令自定义分段函数，其格式为：

[> piecewise(条件 1，表达式 1，条件 2，表达式 2，…，条件 n，表达式 n，表达式 n，其他条件)；

也可以使用面板完成相同的操作。将光标放在命令输入提示符上，然后展开窗口左侧的"表达式"面板，点击其中的分段函数定义控件（见图 2-2），如选择的是文字格式，命令行提示符后面会自动显示以下命令：

$$\begin{cases} -x & x < a \\ x & x \ge a \end{cases}$$

图 2-2　定义分段函数控件

[> piecewise(x < a， - x，x > = a，x)；

如选择的是数学格式，命令行提示符后面会自动显示如图 2-2 所示输入模板。

例 2.2 定义符号函数 $\text{Sgn}(x) = \begin{cases} 1, & x > 0, \\ 0, & x = 0, \\ -1, & x < 0 \end{cases}$，并求零点数值。

解　在 Maple 中做如下运算：

[> restart：

[> Sgn：= x – > piecewise(x > 0，1，x = 0，0，x < 0， - 1)：Sgn(0)；

提示：可以输入 piecewise 命令的头几个字母，按 ESC 键自动补全命令名。例如可以输入 pie，按 ESC 键后，Maple 会自动补全为 piecewise 命令名。

例 2.3　定义函数 $g(x) = \begin{cases} x^2 \sin \dfrac{1}{x}, & x \neq 0, \\ 0, & x = 0 \end{cases}$，并计算 $g(2)$。

解　在 Maple 中做如下运算：

$\lceil$ > restart：

$\lceil$ > g := x -> piecewise(x < > 0, x^2 * sin(1/x), x = 0, 0)：g(2)；

$$\frac{1}{4} \sin\left(\frac{1}{2}\right)$$

提示：当输入的数值是整数时，Maple 系统默认输出整数。如要求近似值，可使用 evalf 命令。例如，我们将上面例子中的 $g(2)$ 改为 evalf[10] (g(2)) 可得到有效数字为 10 的近似值 1.917702154。或者使用鼠标右键点击上面的输出结果，从弹出的右键菜单中选择 Approximate -> 10，Maple 自动实现与上述命令相同的操作和结果。

2.3.2　查询已定义的函数

使用 print 查询已定义的函数，如已经定义了 $f(x) = x^2$，键入"print (f)"，Maple 就会进行查询，给出结果。

$\lceil$ > print(f)；

$$x \rightarrow x^2$$

2.3.3　清除已定义的变量和函数

可用命令 unassign 清除已经定义的函数和变量，使前面定义的函数和变量不再起作用。其格式为：

$\lceil$ > unassign(f)；

或者使用 restart 命令清除所有的函数定义。

注意：应养成使用变量和函数前先清除变量和函数已有定义的习惯，建议在开始一段新的 Maple 程序时，使用 restart 命令清除已有的变量和函数定义。**不然，可能造成先前的赋值和定义会影响以后的运算，且不易被发现。**

2.3.4　变量赋值及函数值的计算

（1）给变量赋值

Maple 中给变量赋值格式为：变量：=数值。

例如：为了给变量 x 赋值 4，只要在 Maple 输入提示符后键入 x：=4 后，按回车键即可。

（2）计算函数值

求函数在一个点的值可使用 eval 命令，其格式为：

$[> \text{eval}(表达式, x = a);$

求函数 $f(x)$ 在 $a1, a2, a3, \cdots$ 点的值可使用 map 命令,其格式为:

$[> y: = x - > f(x);$

$[> \text{map}(y, [a1, a2, a3, \cdots]);$

例 2.4 计算函数 $\sin x$ 在 $x = \dfrac{\pi}{6}$ 的函数值。

解 在 Maple 中做如下运算:

$[> \text{restart};$

$[> f: = x - > \sin(x);$

$$f: = x \rightarrow \sin(x)$$

$[> \text{eval}(f(x), x = Pi/6);$

$$\frac{1}{2}$$

或

$[> \text{eval}(\sin(x), x = Pi/6);$

$$\frac{1}{2}$$

解得: $\sin \dfrac{\pi}{6} = \dfrac{1}{2}$。

例 2.5 已知函数 $h(y) = y^2 - 3y + 2$,求 $h\left(\dfrac{1}{y}\right)$。

解 在 Maple 中做如下运算:

$[> \text{restart};$

$[> h: = y - > y^2 - 3 * y + 2;$

$$h: = y \rightarrow y^2 - 3y + 2$$

$[> \text{eval}(h(y), y = 1/y);$

$$\frac{1}{y^2} - \frac{3}{y} + 2$$

解得: $h\left(\dfrac{1}{y}\right) = 2 + y^{-2} - \dfrac{3}{y}$。

计算函数在一个点的值时,一般使用例 2.4 中第二种方法,无需自定义函数再计算数值,以免自定义函数过多,忘记清除,影响以后的计算。计算函数在几个点上的函数值时,通常把此类问题分为两步:第一步定义函数,第二步求值。

例 2.6 计算函数 $f(x) = \cos(\sin x)$ 在 $x = 3.1$ 和 3 处的函数值。

解 在 Maple 中做如下运算:

$[> \text{restart};$

$[> f: = x - > \cos(\sin(x));$

$$h: = x \rightarrow \cos(\sin(x))$$

[> map(f,[3.1,3]);
$$[0.9991356488, 0.9900590858]$$
解得：$\cos(\sin 3.1) \approx 0.9991356488, \cos(\sin 3) \approx 0.9900590858$。

2.3.5 绘制一元函数的图形

(1) 一元初等函数的图形

在 Maple 中绘制[xmin,xmax]区间内函数 $y = f(x)$ 的二维图形的命令格式为：

[> plot(f(x),x = xmin..xmax,可选参数项);

其中 $f(x)$ 为所作图形的函数表达式，x 为函数自变量，xmin 为 x 的下限，xmax 为 x 的上限，xmin 和 xmax 分别可取为-infinity（负无穷）和 infinity（正无穷）。

例 2.7 作 $y = \sin x$ 在[0,2π]内的图形。

解 在 Maple 中做如下运算：

[> restart：

[> plot(sin(x),x = 0..2 * Pi);

输出结果如图 2-3 所示。

如输入 plot(sin(x)),Maple 将输出在[-2π,

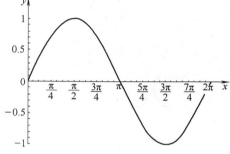

图 2-3

2π]内的二维图形。如果作三角函数的图形,Maple 默认输出图形的横坐标以 π 的倍数表示。

用户也可以使用参数项控制图形显示效果,例如对于同一个函数,我们可以使用下面的命令作图,

[> plot(sin(x),x = 0..2 * Pi,color = "NavyBlue",thickness = 3,filled = [color = "Blue",

transparency = 0.5]);

输出结果如图 2-4 所示。

Maple 还可以在一张图中同时画出若干条函数曲线,其命令格式为：

[> plot([f1(x),f2(x)],x = xmin..xmax);

或者,可以先定义不同的图形,并赋值给变量,例如：

[> P1 : = plot(sin(x),x = 0..2 * Pi);

然后使用下面的命令在单个图形上显示多个二维图形。

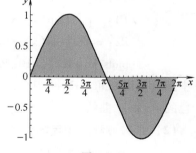

图 2-4

[> plots[display]([P1,P2,P3],x = xmin..xmax);

例 2.8 在一张图中同时画出 $y = \sin x (x \in (-\pi,\pi))$ 和 $y = \cos x (x \in (-\pi,\pi))$ 的函数曲线。

解 在 Maple 中做如下运算：

[> restart：

[> plot([sin(x),cos(x)],x = -Pi..Pi);

输出结果如图 2-5 所示。

例2.9 将两个曲线 $y = \sin x(x \in (-\pi, \pi))$ 和 $y = \cos x(x \in (0, \pi))$ 画在一张图中。

解 在 Maple 中做如下运算：

[> restart：

[> P1：= plot(sin(x) , x = -Pi.. Pi) ；

[> P2：= plot(cos(x) , x = 0.. Pi) ；

[> plots[display]([P1,P2]) ；

输出结果如图 2-6 所示。

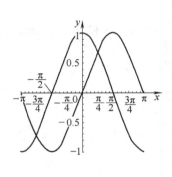

图 2-5

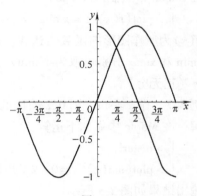

图 2-6

在一张图中同时显示若干条函数曲线时，为了区别不同的曲线，可使用可选参数项 color = c，其中 c 表示颜色名称，也可以使用 color = ColorTools：- Color([a,b,c]) 定义 RGB 的值，其中 RGBColor[a,b,c] 是红、绿、蓝三色的配比，$0 \leqslant a,b,c \leqslant 1$ 给曲线上色。例如：在 Maple 中做如下运算：

[> restart：

[> P1：= plot(sin(x) , x = -Pi.. Pi,color = red) ：

  P2：= plot(cos(x) , x = 0.. Pi,color = blue) ：

  plots[display]([P1,P2]) ；

其中换行使用 Shift + Enter 组合键。则在一张图中同时画出一条红色的 $y = \sin x$ 曲线和一条绿色的 $y = \cos x$ 曲线。

（2）参数方程所确定的函数图形

绘制参数方程 $\begin{cases} x = x(t), \\ y = y(t) \end{cases}$ 所确定的函数在 $[t1, t2]$ 的图形，使用命令格式：

[> plot([x(t) ,y(t) ,t = t1.. t2] ,可选参数项) ；

例2.10 画出星形线 $\begin{cases} x = 2\cos^3 t, \\ y = 2\sin^3 t \end{cases}$ 的图形。

解 在 Maple 中做如下运算：

[> restart：

[> plot([2 * cos(t)^3,2 * sin(t)^3,t = 0.. 2 * Pi]) ；

输出结果如图 2-7 所示。

（3）分段函数图形

分段函数的作图，其过程分为两步。先使用命令自定义函数，然后用 plot 命令画出分段函数的图形。

例 2.11　画出符号函数 $\mathrm{Sgn}(x)$ 的图形。

解　在 Maple 中做如下运算：

$\lceil > \mathrm{restart}：$

$\lceil > \mathrm{Sgn}：= \mathrm{x} - > \mathrm{piecewise}(\mathrm{x}>0,1,\mathrm{x}=0,0,\mathrm{x}<0,-1)：$

$\lceil > \mathrm{plot}(\mathrm{Sgn},\mathrm{x}=-10..10)；$

输出结果如图 2-8 所示。

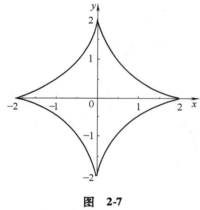

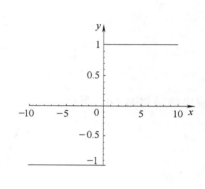

图　2-7　　　　　　　　　　　　　　图　2-8

（4）隐函数图形

绘制由方程 $f(x,y)=0$ 所确定的隐函数在 $x\in[a,b]$，$y\in[c,d]$ 区域上图形，可使用命令：

$\lceil > \mathrm{with}(\mathrm{plots},\mathrm{implicitplot})；$

$\lceil > \mathrm{implicitplot}(\mathrm{f},\mathrm{x}=\mathrm{a}..\mathrm{b},\mathrm{y}=\mathrm{c}..\mathrm{d},\text{可选参数项})；$

例 2.12　画出由 $x^2+y^2=1$ 所确定的隐函数的图形。

解　在 Maple 中做如下运算：

$\lceil > \mathrm{restart}：$

$\lceil > \mathrm{with}(\mathrm{plots},\mathrm{implicitplot})；$

$$[implicitplot]$$

$\lceil > \mathrm{implicitplot}(\mathrm{x}^2+\mathrm{y}^2=1,\mathrm{x}=-1..1,\mathrm{y}=-1..1)；$

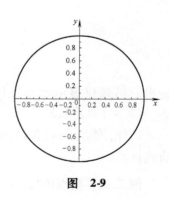

图　2-9

输出结果如图 2-9 所示。

2.3.6　初等函数的性质

根据函数图形投影到横轴的范围，再结合函数表达式，可以检验函数的定义域，但一般不用此法求函数的定义域。

例 2.13　检验函数 $f(x)=\sqrt{4-x^2}+\ln|x|+\sqrt{x^2-1}$ 的定义域。

解 在 Maple 中做如下运算：

[> restart：

[> plot(sqrt(4 − x^2) + ln(abs(x)) + sqrt(x^2 − 1)) ；

输出结果如图 2-10 所示。

[> plot(sqrt(4 − x^2) + ln(abs(x)) + sqrt(x^2 − 1) , x = −3. . 3) ；

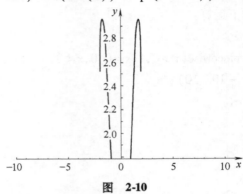

图 2-10

输出结果如图 2-11 所示。

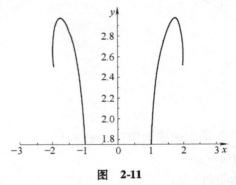

图 2-11

输出的结果仅显示函数在[− 2, − 1]及[1,2]上有图形,从而可以推断函数的定义域为[− 2, − 1] ∪ [1,2]。

另外，使用 type(f(x) ,oddfunc(x))和 type(f(x) ,evenfunc(x))命令可判别函数 $f(x)$ 的奇偶性。

例 2.14 判别函数 $y = \dfrac{3^x + 3^{-x}}{2}$ 的奇偶性。

解 在 Maple 中做如下运算：

[> restart：

[> type((3^x + 3^(− x))/2,oddfunc(x)) ；

$$false$$

[> type((3^x + 3^(− x))/2,evenfunc(x)) ；

$$true$$

解得： $y = \dfrac{3^x + 3^{-x}}{2}$ 为偶函数。

2.4 命令小结

命令小结如表 2-2 所示。

表 2-2

运 算	Maple 命令
定义初等函数	函数名: = 变量 -> 函数表达式, 或用面板的"表达式"中 f: = a→y
定义表达式	函数名: = 函数表达式
将表达式转换为函数	unapply(表达式, 变量名)
定义分段函数	piecewise(条件 1, 表达式 1, 条件 2, 表达式 2, …, 条件 n, 表达式 n, 表达式) 或工具栏的"表达式"中分段函数定义控件
查找函数	print(函数名)
清除函数或变量	unassign(函数名或变量名)
清除内存	restart
求函数值	1. 求函数在 $x = a$ 点上的值。使用 eval(表达式, $x = a$)命令或先定义函数, 再使用函数名(自变量值)命令求值; 2. 求函数 $f(x)$ 在 $x = a$ 点上的有效数字为 c 位的数值。使用 evalf[c](f(a))命令或使用鼠标右键点击已输出的精确表达式, 从弹出的右键菜单中选择 Approximate 3. 求函数 $f(x)$ 在 $a1, a2, a3, …$点的值可使用 map 命令, 其格式为: [> y: = x – >f(x); [> map(y, x = a1, a2, a3, …);
作函数图形	1. 初等函数图形 使用 plot(f(x), x = xmin..xmax)命令, 其中 $f(x)$ 表示函数, xmin 和 xmax 分别为 x 的下限和上限; 2. 参数方程 $\begin{cases} x = x(t), \\ y = y(t) \end{cases}$ 所确定的函数图形 使用 plot([x(t), y(t)], t = t1..t2], 可选参数项)命令; 3. 一张图中同时画出若干条函数曲线。使用 Plot([f1(x), f2(x)], x = xmin..xmax)命令 或者可以先定义不同的图形, 并分别赋值给变量 P1, P2, P3, 然后使用 plots[display]命令在单个图形上显示多个二维图形, 基本调用命令为 plots[display]([P1, P2, P3], x = xmin..xmax); 4. 隐函数图形 绘制由方程 $f(x, y) = 0$ 所确定的隐函数在 $x \in [a, b], y \in [c, d]$区域上图形, 使用命令格式: [> with(plots, implicitplot); [> implicitplot(f, x = a..b, y = c..d, 可选参数项);
检验函数定义域	根据函数图形投影到横轴的范围来确定
判别函数 $f(x)$ 的奇偶性	type(f(x), evenfunc(x))和 type(f(x), oddfunc(x))

2.5 运算练习

1. 用 Maple 自定义函数格式定义函数 $y = x^2 - 3x + 2$，并求函数值 $f(0)$，$f(1)$，$f(2)$，$f(-x)$，$f\left(\dfrac{1}{x}\right)$，$f(x+1)$。

2. 用 Maple 自定义函数格式定义分段函数：

$$g(x) = \begin{cases} 2x+5, & x>0, \\ 1, & x=0, \\ x^3, & x<0 \end{cases}$$ 并求函数值 $g(0)$，$g\left(\dfrac{1}{3}\right)$，$g\left(-\dfrac{1}{3}\right)$。

3. 查询题 2.5.1 中已定义的函数 $f(x)$，且重新定义 $f(x) = \begin{cases} x+1, & x\leqslant 0, \\ 4^x, & x>0 \end{cases}$ 并求 $f(0)$，$f(2)$，$f(-2)$，$f(x-1)$ 的值。

4. 查询已定义的函数 $g(x)$，且重新定义分段函数：

$$g(x) = \begin{cases} x^2 \sin \dfrac{1}{x}, & x\neq 0, \\ 0, & x=0 \end{cases}$$ 并求函数值 $g(0)$，$g\left(\dfrac{3}{\pi}\right)$，$g(2)$。

5. 在 Maple 中分别输入 eval(x3,x = 3) 与 eval(3x,x = 3)，问输出结果为何不同？求当 $x = 3$ 时，$3x$ 的值。

6. 用 Maple 解方程命令求函数 $y = \sqrt{2x+3} - 1$ 的反函数。

7. 使用 plot 命令，在对称区间 $[-5,5]$ 内用同一张图画出函数 $y = x^n$ 的图形（其中 $n = 2$，$n = 3$，$n = 4$，$n = 5$）。

8. 用 Maple 的 plot 命令画出由参数方程 $\begin{cases} x = \dfrac{6t}{1+t^3}, \\ y = \dfrac{6t^2}{1+t^3} \end{cases}$ $t \in [-2,2]$ 所确定的函数图形。

9. 用 Maple 的 plot 命令在对称区间 $[-2\pi,2\pi]$，$[-4\pi,4\pi]$ 内作图，判断函数 $y = \sin 2x + \cos \dfrac{x}{2}$ 是否是周期函数，若是周期函数，则指出该函数的周期。

10. 判断函数 $f(x) = \ln(x + \sqrt{x^2+1})$ 的奇偶性。

11. 使用 Maple 的绘图功能，判断函数 $f(x) = (x-2)^2 (2x+1)^4$ 在区间 $\left[\dfrac{7}{6},2\right]$ 与 $[2,5]$ 的单调性。

12. 使用 Maple 的绘图功能，验证函数 $f(x) = \arctan x$ 的有界性和奇偶性。

13. 使用 Maple 的绘图功能，根据提示选取区间作图，验证下列函数的定义域：

(1) $f(x) = \dfrac{2x}{x^2 - 3x + 2}$，$[0,3]$；　　(2) $f(x) = \dfrac{1}{x} - \sqrt{1-x^2}$，$[-2,2]$。

第3章　极限和连续

本章介绍使用 Maple 学习极限概念、基本性质及其运算的方法。首先，介绍使用"数学应用程序(Math Apps)"，动画命令及"Student(学生)"包学习极限概念的方法，加深对极限概念理解；其次，介绍 Maple 的制表及绘图功能，通过图形理解函数极限、数列极限及其之间的联系，掌握观察数列和函数极限的方法；最后，介绍使用 Maple 求函数和数列极限的方法。

3.1　动画制作

首先，Maple 中的"数学应用程序"可以帮助我们直观理解极限概念。我们通过工具菜单进入"Math Apps(数学应用程序)"界面，选择"Calculus(微积分)"，由"Differential(微分)"或"积分(Integral)"可找到"Definition of a Limit(极限定义)"，运行后可从几何图形上理解极限概念。另一个相关动画是"Algebra and Geometry(代数与几何)"中"Geometry(几何)"的"Archimedes Approximation of π(π 的阿基米德逼近)"。

其次，我们还可从"工具"菜单的"向导"中选择"预科微积分(Precalculus)"→"极限(Limits)"，调用"极限定义"对话框，观看极限的动画。我们也可直接使用 Maple 命令调用该对话框，其命令格式为：

[> Student[Precalculus][LimitTutor]( )；

最后，Maple 提供了制作动画的命令。下面我们用 animate 命令制作三个动画，来直观理解极限的含义。

动画一　在 Maple 中输入：

[> restart：

[> with(plots)：

[>f：= piecewise(x < − a,sin(x)/x, − a < = x and x < = a, − 10,a < x,sin(x)/x)；

[> animate(plot, [f(x), x = − 2..2, y = 0..1.5],a = 2..0)；

运行上述命令(按 enter 键)出现图形框，单击图形框会出现动画控制工具条，通过它可控制动画的播放。在这一动画中，咖啡色线表示 $y = \dfrac{\sin x}{x}$ 的图形。从动画中可观察到当 x 趋于 0 时，$y = \dfrac{\sin x}{x}$ 趋于 1。

动画二　在 Maple 中输入：

[> restart：

[> with(plots)：

$[\,>\text{animate}(\text{plot},[\,[\exp(1),(1/x+1)\text{^}x\,],x=-a..a\,],a=1..20\,);$

运行上述命令(按 enter 键)制作动画。其中暗红色线表示 $y=e$ 的图形,蓝色线表示 $y=\left(1+\dfrac{1}{x}\right)^{x}$ 的图形。通过操作控制菜单可观察到当 x 趋于正无穷大时,$\left(1+\dfrac{1}{x}\right)^{x}$ 趋于 e。

动画三 在 Maple 中输入:

$[\,>\text{restart};$

$[\,>\text{with}(\text{plots});$

$[\,>f:=\text{piecewise}(x<-a,1.2\text{^}(1/x),'\text{and}'(-a<=x,x<=a),-10,a<x,1.2\text{^}(1/x));$

$[\,>\text{animate}(\text{plot},[\,f(x),x=-1..1,y=0..10\,],a=1..0\,);$

运行上述命令可制作一动画。在这一动画中,咖啡色线表示 $y=1.2^{\frac{1}{x}}$ 的图形,从动画中可观察到 $\lim\limits_{x\to0^{-}}1.2^{\frac{1}{x}}=0$,$\lim\limits_{x\to0^{+}}1.2^{\frac{1}{x}}=+\infty$,从而 $\lim\limits_{x\to0}1.2^{\frac{1}{x}}$ 不存在。

3.2　自主学习

Maple 不仅能方便地进行符号运算,Maple 中的"Student(学生)"包,还会将解题过程分步显示,并注明使用的原理。其调用方法有三种:

其一是使用 Student[Calculus1][LimitTutor]命令。如要计算 $\lim\limits_{x\to1}\dfrac{x-1}{x^{2}+2x-3}$,在 Maple 软件中输入:

$[\,>\text{Student}[\text{Calculus1}][\text{LimitTutor}]();$

运行后出现"Calculus1 - Limit Methods(微积分 1 - 极限方法)"对话框,在"Function(函数)"项中输入"(x-1)/(x^2+2x-3)",在"at(在)"项中输入"1",单击"Start(开始)",通过操作"Undo","Next Step","All Steps"可观看解题的每一个步骤。

其二是使用菜单选项。我们可从"工具"菜单的"向导"中选择"微积分 - 单变量"→"极限方法",同样可调用"极限方法"对话框。

其三是使用 Student[Calculus1][ShowSolution]命令。如要计算 $\lim\limits_{x\to3}\dfrac{x^{2}-81}{\sqrt{x}-3}$,在 Maple 软件中输入:

$[\,>\text{Student}[\text{Calculus1}][\text{ShowSolution}](\text{Limit}((x\text{^}2-81)/(\text{sqrt}(x)-3),x=9));$

运行后可观看解题的每一个步骤。

3.3　数学运算

3.3.1　直观理解极限的概念

Maple 中的 seq、plot 和 plots[listplot]命令可用于制表和绘制数列的图形。

（1）Maple 中的制表功能

Maple 中序列的定义方法有两种，其一是用逗号隔开的表达式，例如"1，2，3；"或者"sin，cos，tan，cot；"；其二是使用 seq 命令，其格式是：

$$[> \mathrm{seq}(\mathrm{f}(\mathrm{i}),\mathrm{i}=\mathrm{imin}..\mathrm{imin});$$
$$[> \mathrm{seq}(\mathrm{f}(\mathrm{i}),\mathrm{i}=\mathrm{imin}..\mathrm{imax},\mathrm{step});$$

其中 $f(i)$ 为序列的表达式，i 为序列的变量，imin 为 i 的下限，imax 为 i 的上限，step 为 i 的步长，当 step 省略时默认的增量值为 1。

Maple 中列表的定义方法是用一对方括号［］封装序列。例如：［1，2，3］或者［sin，cos，tan，cot］。再如在 Maple 命令行输入

$$[> [\mathrm{seq}(\mathrm{f}(\mathrm{i}),\mathrm{i}=\mathrm{imin}..\mathrm{imin})];$$

运行后将生成一个列表。列表转换为序列可使用命令 op（explist），其中 explist 是列表。

例 3.1　作数列 $\dfrac{(-1)^n}{n}$ 的取值表。

解　在 Maple 中做如下运算：

$$[> \mathrm{restart};$$
$$[> [\mathrm{seq}((-1)^n / n, n = 1..20)];$$

$$\left[-1, \frac{1}{2}, -\frac{1}{3}, \frac{1}{4}, -\frac{1}{5}, \frac{1}{6}, -\frac{1}{7}, \frac{1}{8}, \right.$$
$$-\frac{1}{9}, \frac{1}{10}, -\frac{1}{11}, \frac{1}{12}, -\frac{1}{13}, \frac{1}{14}, -\frac{1}{15}, \frac{1}{16}, -\frac{1}{17}, \frac{1}{18},$$
$$\left. -\frac{1}{19}, \frac{1}{20} \right]$$

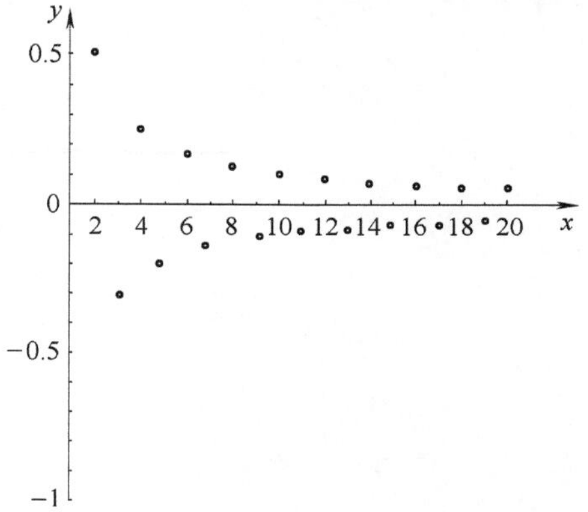

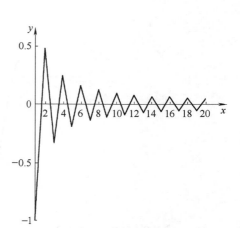

图　**3-1**

（2）直观理解数列极限的概念

使用 seq、plots［listplot］命令可帮助我们理解和观察数列的极限。例如，在例 3.1 的基础上，再用 plots［listplot］命令，画该数列的散点图，在 Maple 中做如下运算：

$$[> \mathrm{plots}[\mathrm{listplot}](\% , \mathrm{style} = \mathrm{point});$$

输出结果如图 3-1 所示。

其中百分号 % 表示调用上一个计算结果。还可在 Maple 中做如下运算：

$$[> \mathrm{plots}[\mathrm{listplot}](\%\%);$$

输出结果如图 3-2 所示。

将折线与直线 $y=0$ 比较，观察折线的变化趋势，即数列取值随 n 的变化趋势。可直观理解数列的极限 $\lim\limits_{n\to\infty}\dfrac{(-1)^n}{n}=0$。

（3）直观理解函数极限的概念

① $x \to \infty$ 时函数的极限。介绍两种使用 plot

图　**3-2**

命令观察极限的方法。

例 3.2 作图观察 $\lim\limits_{x \to \infty} \dfrac{\sin x}{x^2}$。

方法一 使用 plot 命令分别在区间 $[-10, 10]$，$[-20, 20]$，$[-30, 30]$，…上画出 $y = \dfrac{\sin x}{x^2}$ 的图形，观察函数值随自变量的变化趋势。在 Maple 中做如下运算：

[> restart：

[> plot(sin(x)/x^2, x = - 10. . 10) ；

输出结果如图 3-3 所示。

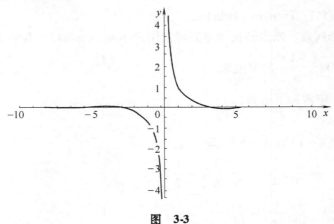

图　3-3

为了更好地观察图形，从上图我们可以限定 y 轴显示的范围在区间 $[-0.2, 0.2]$ 上。

[> plot(sin(x)/x^2, x = - 10. . 10, y = - 0. 2. . 0. 2) ；

输出结果如图 3-4 所示。

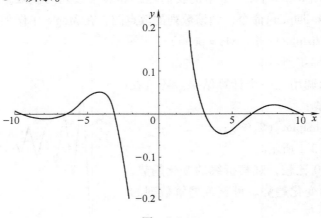

图　3-4

[> plot(sin(x)/x^2, x = - 20. . 20, y = - 0. 2. . 0. 2) ；

输出结果如图 3-5 所示。

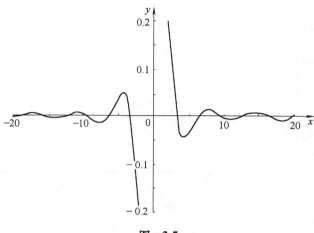

图 3-5

[> plot(sin(x)/x^2, x = -30..30, y = -0.2..0.2) ;

输出结果如图 3-6 所示。

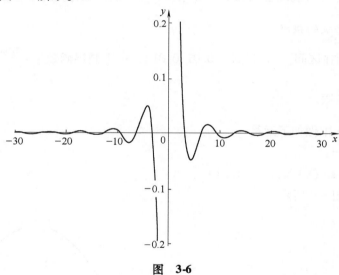

图 3-6

观察上述输出图形，可直观理解函数的极限 $\lim\limits_{x \to \infty} \dfrac{\sin x}{x^2} = 0$。

方法二 使用 seq 命令，作函数的取值表并画图。在 Maple 中做如下运算：

[> [seq(sin(n)/n^2, n = 1..30)] ;

$$\left[\sin(1), \frac{1}{4}\sin(2), \frac{1}{9}\sin(3), \frac{1}{16}\sin(4), \cdots \text{省略}\right.$$

[> plots[listplot] (%, style = point) ;

输出结果如图 3-7 所示。

[> plots[listplot] (%%) ;

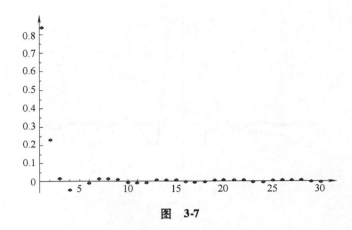

图 3-7

输出结果如图 3-8 所示。

观察输出结果并与方法一中的图形作比较，可直观理解函数极限与数列极限之间的关系。同时，我们也可直观理解函数 $y = \dfrac{\sin x}{x^2}$ 在 $x \to +\infty$ 时的极限为零。

② $x \to x_0$ 时函数的极限。

例 3.3 分别在区间 $[-1,1]$，$[-0.01,0.01]$，… 上画出函数 $y = \dfrac{\sin x}{x}$ 的图形，观察当 $x \to 0$ 时，$\dfrac{\sin x}{x}$ 的极限。

解 在 Maple 中做如下运算：

$[> \text{restart}:$

$[> \text{plot}(\sin(x)/x, x = -1..1);$

输出结果如图 3-9 所示。

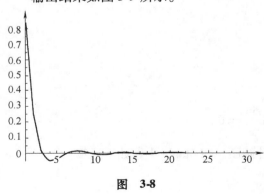

图 3-8

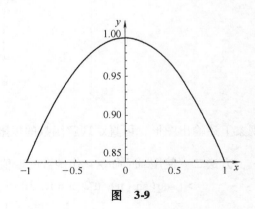

图 3-9

$[> \text{plot}(\sin(x)/x, x = -0.01..0.01);$

输出结果如图 3-10 所示。

可判断当 $x \to 0$ 时，$\dfrac{\sin x}{x}$ 的极限为 1。另一种观察函数在一点的极限的方法是使用以下命令调用"Student（学生）"包，在 Maple 中做如下运算：

[> with(Student[Precalculus]):

[> LimitPlot(sin(x)/x, x = 0);

输出结果如图 3-11 所示。

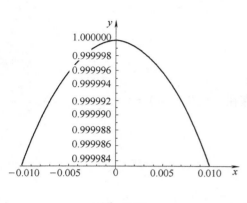

图　3-10

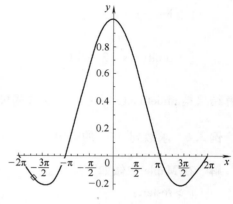

图　3-11

3.3.2　求函数（数列）的极限

Maple 中求极限命令为 limit，其格式如下：

[> limit(f, x = a);

[> limit(f, x = a, dir);

其中 f 为数学表达式；x 为变量名；a 为极限点，可以是正无穷（infinity）或负无穷（− infinity）；dir 表示方向，可取的方向是 left，right，real 或者 complex。如果没有指定 dir，极限就是实数 real，取双方向极限。

输入求极限命令的另一种方法是点击 Maple 界面左侧"表达式"面板中的控件 $\lim\limits_{x\to a} f$。

例 3.4　求函数 $y = \dfrac{\sin x}{x}$ 在 $x \to 0$ 时的极限。

解　在 Maple 中做如下运算：

[> restart:

[> limit(sin(x)/x, x = 0);

$$1$$

解得：$\lim\limits_{x\to 0}\dfrac{\sin x}{x} = 1$。

例 3.5　求分段函数 $f(x) = \begin{cases} x^2 - 6, & x < 3, \\ 2x - 1, & x \geqslant 3 \end{cases}$ 的极限。

解　在 Maple 中做如下运算：

[> restart:

```
[ > f: = piecewise( x < 3, x^2 - 6, 3 < = x, 2 * x - 1 );
```

$$f(x) := \begin{cases} x^2 - 6 & x < 3 \\ 2x - 1 & x \geq 3 \end{cases}$$

```
[ > limit( f, x = 3 );
```

$$undefined$$

```
[ > limit( f, x = 3, right );
```

$$5$$

```
[ > limit( f, x = 3, left );
```

$$3$$

计算结果是 undefined，表示该表达式的极限不存在。且 $\lim\limits_{x \to 3^-} f(x) = 3$，$\lim\limits_{x \to 3^+} f(x) = 5$。

例 3.6 求数列 $\dfrac{n^2 + 2}{n^2}$ 的极限。

解 在 Maple 中做如下运算：

```
[ > restart:
[ > limit( ( n^2 + 2 )/n^2, n = infinity );
```

$$1$$

解得：$\lim\limits_{n \to \infty} \dfrac{n^2 + 2}{n^2} = 1$。

例 3.7 求函数 $e^{-\frac{1}{x}}$ 当 $x \to 0$ 时的极限。

解 在 Maple 中做如下运算：

```
[ > restart:
[ > limit( exp( -1/x ), x = 0 );
```

$$undefined$$

计算结果是 undefined，表示该函数的极限不存在。

Maple 的确非常强大和智能，它可以帮助用户用很少的时间解决各种各样的数学问题，这些问题可能需要耗费你数天甚至数月的时间，但必须清楚 Maple 依然是一个基础软件工具，遵循基本的数字规则和算法产生答案。在某些情况下，Maple 并不能给出问题的答案，但你却可以通过自身的理解力很快得到答案。我们来看以下例子。

例 3.8 求 $\lim\limits_{n \to \infty} (-1)^{2n}$。

解 在 Maple 中做如下运算：

```
[ > restart:
[ > limit( ( -1 )^( 2 * n ), n = infinity );
```

$$-1 - I \,.\, 1 + I$$

按以上方法，Maple 求不出 $\lim\limits_{n \to \infty} (-1)^{2n}$。但如在 Maple 中将表达式稍作变化，做如下运算：

```
[ > limit( ( ( -1 )^2 )^n, n = infinity );
```

$$1$$

解得：$\lim\limits_{n\to\infty}(-1)^{2n}=1$。

3.4 命令小结

命令小结如表 3-1 所示。

表 3-1

运算	Maple 命令
定义序列	1. 一组用逗号隔开的表达式列，例如"1,2,3；"； 2. seq(f(i),i=imin..imin) 或 seq(f(i),i=imin..imax,step)，其中 $f(i)$ 为序列的表达式，i 为序列的变量，imin 为 i 的下限，imax 为 i 的上限，step 为 i 的步长，当 step 省略时默认的增量值为 1
定义列表	用一对方括号[ ]封装的序列或[seq(f(i),i=imin..imin)]
列表转换为序列	op(列表)
画数列的图形	plots[listplot](L,options)，其中 L 是列表，options 是绘图参数项
求函数在某一点的极限	方法一　使用 limit(f(x),x=a) 或 limit(f(x),x=a,dir) 命令，其中 f 为代数表达式；x 为变量名；a 为极限点，可以是正无穷(infinity)或负无穷(-infinity)；dir 表示方向，可取的方向是 left，right，real 或者 complex。如果没有指定 dir，极限就是实数 real，取双方向极限 方法二　点击 Maple 界面左侧表达式面板中控件 $\lim\limits_{x\to a}f$

3.5 运算练习

1. 选取适当的步长，当 n 取值在 $1\sim10$，$1\sim20$，$1\sim30$，…，时用 Maple 命令作数列 $\dfrac{1}{2^n}$ 的取值表，然后用 Maple 命令画出数列的散点图，并观察数列取值随 n 的变化趋势，直观理解数列极限 $\lim\limits_{n\to\infty}\dfrac{1}{2^n}=0$。

2. 用 Maple 命令，分别在 $[0,10]$，$[0,20]$，$[0,30]$，…，画出函数 $y=\left(\dfrac{1}{2}\right)^x$ 的图形，观察函数值随自变量的变化趋势，直观理解 $x\to+\infty$ 时，函数 $y=\left(\dfrac{1}{2}\right)^x$ 的极限。

3. 用 Maple 命令，分别在 $[-10,0]$，$[-20,0]$，$[-30,0]$，…，画出函数 $y=2^x$ 的图形，观察函数值随自变量的变化趋势，直观理解 $x\to-\infty$ 时，函数 $y=2^x$ 的极限。

4. 用 Maple 命令，分别在 $[-10,10]$，$[-20,20]$，$[-30,30]$，…，画出函数 $y=\dfrac{1}{x}$ 的图形，观察函数取值随自变量的变化趋势，直观理解 $x\to\infty$ 时，函数 $y=\dfrac{1}{x}$ 的极限。

5. 用 Maple 命令，分别在 $[-1,1]$，$[-0.1,0.1]$，$[-0.01,0.01]$，…，画出函

数 $y = \dfrac{x}{\sin x}$ 的图形，观察函数取值随自变量的变化趋势，直观理解 $x \to 0$ 时，函数 $y = \dfrac{x}{\sin x}$ 的极限。

6. 用 Maple 求极限的命令求出下列极限：

(1) $\lim\limits_{n \to \infty} \dfrac{n+1}{3n-1}$;

(2) $\lim\limits_{x \to 0^+} x^2 \ln x$;

(3) $\lim\limits_{x \to +\infty} x[\ln(x+a) - \ln x]$;

(4) $\lim\limits_{x \to 2}\left(\dfrac{1}{x-2} - \dfrac{4}{x^2-4}\right)$;

(5) $\lim\limits_{x \to -\infty} \dfrac{(x+1)(x+2)(x+3)}{x^3}$;

(6) $\lim\limits_{x \to \pi} \dfrac{\sin x}{\pi - x}$;

(7) $\lim\limits_{x \to 0}(1 + \tan x)^{\cot x}$;

(8) $\lim\limits_{x \to \infty} \dfrac{x}{2} r^2 \sin \dfrac{2\pi}{x}$;

(9) $\lim\limits_{x \to 0}(1 - 3x)^{\frac{1}{x}}$;

(10) $\lim\limits_{x \to 0^+} \dfrac{\ln \cot x}{\ln x}$;

(11) $\lim\limits_{n \to \infty} \dfrac{(n+1)^{n+1}}{n^{n+1}}$;

(12) $\lim\limits_{x \to 0} x\left(\sin \dfrac{1}{x} + \cos \dfrac{1}{x}\right)$;

(13) $\lim\limits_{x \to \infty} \dfrac{3x + \sin x}{2x - \sin x}$;

(14) $\lim\limits_{x \to 0} \tan \dfrac{1}{x}$。

7. 当 $x \to 0$ 时，两个无穷小 $(1 - \cos x)^2$ 与 $\sin^2 x$，问哪一个是高阶的无穷小？

8. 判断下面函数当 $x \to 0$ 时的极限，进一步判断这些函数在 $x = 0$ 点的连续性。若 $x = 0$ 是 $f(x)$ 的间断点，则判断是什么类型的间断点？

(1) $f(x) = \begin{cases} x\sin\dfrac{1}{x}, & x \neq 0, \\ 0, & x = 0; \end{cases}$

(2) $f(x) = \begin{cases} \dfrac{\ln(1+x)}{x}, & x \neq 0, \\ 0, & x = 0。 \end{cases}$

9. 设 $f(x) = \begin{cases} \dfrac{\cos x}{x+2}, & x \geq 0, \\ \dfrac{\sqrt{a} - \sqrt{a-x}}{x}, & x < 0, \ a > 0。 \end{cases}$

(1) 当 a 为何值时，$x = 0$ 是 $f(x)$ 的连续点？

(2) 当 a 为何值时，$x = 0$ 是 $f(x)$ 的间断点？是什么类型的间断点？

第4章 导数、微分及其应用

本章首先介绍制作和调用动画加深对导数、切线和中值定理理解的方法，其次讲解使用 Maple 自主学习求导和解导数应用题的方法，最后将介绍 Maple 中一元函数求导和求微分的命令，并使用这些命令讨论导数的几何应用。

4.1 动画制作

我们可制作和调用动画，来直观理解导数、切线的定义及导数的应用。

4.1.1 切线的定义

我们可从"工具"菜单的"向导"中通过"微积分 – 单变量（Calculus1）"选择"切线（Tangent）"调用"切线定义"对话框，观看切线定义的动画，或用以下命令调用上述对话框，

  [> with(Student[Calculus1]) :

  [> TangentTutor( ) ;

另一种制作动画的方法是调用 Student[Precalculus] 包，使用 FunctionSlopePlot 命令。运行以下命令：

  [> restart :

  [> with(Student[Precalculus]) :

  [> FunctionSlopePlot(x^4 + x^2 , x = 1. 6 ,' animation ' = ' true ',' pointoptions ' = [' color ' = blue]) ;

在这一动画中，暗红色线表示曲线 $f = x^4 + x^2$ 的图形，蓝色曲线为过定点（1. 6 , 9. 1136）处曲线 $y = f(x)$ 的割线，当动点趋于定点，其极限位置便是曲线 $y = f(x)$ 的切线（图中用绿线表示）。

我们也可以做一个切线不存在的例子，运行以下命令：

  [> restart :

  [> with(Student[Precalculus]) :

  [> f : = piecewise(x < 0 , x^2 + 2 , x > = 0 , x + 2) :

  [> FunctionSlopePlot(f , x = 0 ,' animation ' = ' true ',' pointoptions ' = [' color ' = blue]) ;

运行上述命令可制作一动画，帮助我们理解函数在某一点导数不存在时，函数在这一点的特性。在这一动画中，暗红色表示曲线 $f = \begin{cases} x^2, & x < 0, \\ x^2 + x, & x \geqslant 0 \end{cases}$ 的图形，蓝色曲线为过定点（0 , 0），动点在曲线 $y = f(x)$ 上的割线。从这一动画观察到：当动点从不同方向趋于 0 时，割线的极限位置不在一条直线上，所以函数在这点导数不存在。从图形上还可以看

到：函数图形在 $x=0$ 处为"尖角"。

4.1.2 导数的定义

我们通过"工具"菜单选择"Math Apps（数学应用程序）"→"Calculus（微积分）"→"Differential（导数）"→"Derivative Definition（导数定义）"，运行后可从几何图形上理解导数概念。

4.1.3 中值定理

我们通过"工具"菜单选择"向导"→"微积分 – 单变量"→"平均值定理（Mean Value Theorem）"，调用"中值定理"对话框，学习理解中值定理，或用以下命令调用上述对话框，

[> Student[Calculus1][MeanValueTheoremTutor]( ) ;

4.2 自主学习

4.2.1 用定义求导

我们可在"工具"菜单中选择"任务（Task）"→"浏览"→"Calculus – differential（微积分 – 微分）"→"Derivatives（导数）"→"Derivatives by Definition（用定义求导）"进入用定义求导模板。

4.2.2 求导数

首先，我们可在"工具"菜单中选择"向导"→"微积分 – 单变量"→"微分方法（Differentiation Methods）"，调用"微分方法"对话框，可分步观看求导过程。其次，我们可运行以下命令调用该对话框，

[> Student[Calculus1][DiffTutor]( ) ;

最后，可以使用以下命令分步观看求导过程，

[> with(Student[Calculus1]) :

[> Diff(x^2 * sin(x) , x) ;

$$\frac{\mathrm{d}}{\mathrm{d}x}(x^2\sin(x))$$

[> ShowSolution(%) ;

$$\frac{\mathrm{d}}{\mathrm{d}x}(x^2\sin(x)) = \frac{\mathrm{d}}{\mathrm{d}x}(x^2)\sin(x) + x^2\frac{\mathrm{d}}{\mathrm{d}x}(\sin(x)) \quad [product]$$

$$= 2x\sin(x) + x^2\frac{\mathrm{d}}{\mathrm{d}x}(\sin(x)) \quad [power]$$

$$= 2x\sin(x) + x^2\cos(x) \quad [sin]$$

4.2.3 导数及其图像

我们可在"工具"菜单中选择"向导"→"微积分 – 单变量"→"导数（Derivative）"，调用"导数"对话框，可求函数的一阶、二阶导数及其图形，也可使用以下命令调用该对话框。

[> Student[Calculus1][DerivativeTutor]() ;

4.2.4 曲线分析

我们可在工具菜单中选择"向导"→"微积分 – 单变量"→"曲线分析（Curve Analysis）"，调用"曲线分析"对话框，进行曲线单调性、凹凸性、极值、最值等问题的讨论，也可使用以下命令调用该对话框，

[> Student[Calculus1][CurveAnalysisTutor]() ;

4.2.5 应用题

首先，我们可在工具菜单中选择"Math Apps（数学应用程序）"→"Calculus（微积分）"→"Differential（导数）"，点击"Optimization – Distance（距离最优化）"或"Optimization – Volume（体积最优化）"可观看相关动画。

其次，我们可在工具菜单中选择"任务（Task）"→"浏览"→"Calculus – differential（微积分 – 微分）"，其中"Applications（应用）"、"Graphical Analysis（图像分析）"、"Optimization（最优化）"文件夹中的模板可用于求切线方程、法线方程，分析图像、讨论极值问题。（见图4-1）

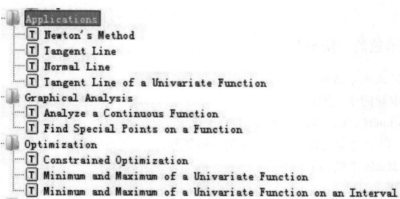

图4-1 导数应用题模板

最后，我们可调用"Student（学生）"包中"Calculus1（微积分1）"的"Tangent（切线）"求切线方程和斜率，作切线方程图形。例如，在 Maple 中做如下运算：

[> with(Student[Calculus1]) ;

[> Tangent(sin(x), x = 1) ;

$$\cos(1)x + \sin(1) - \cos(1)$$

$$\Big[> \text{Tangent}(\sin(x), 2, output = slope);$$
$$\cos(2)$$

求得 $y = \sin(x)$ 在 $x = 1$ 处切线方程为 $y = \cos(1)x + \sin(1) - \cos(1)$，在 $x = 2$ 处斜率为 $\cos(2)$。运行如下命令可作出切线方程图形。

$$\Big[> \text{Tangent}(x^3 - x, 3, output = plot);$$

输出结果如图 4-2 所示。

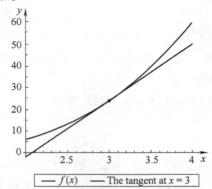

At $x = 3$, for the function $f(x) = x^3 - x$, a graph $f(x)$ and a tangent line

图　4-2

其中红色线表示曲线图形，蓝色直线表示曲线 $y = x^3 - x$ 在 $x = 3$ 处切线。

4.3　数学运算

4.3.1　求函数的一阶导数

（1）用定义求导函数

用定义求导的格式为：

$$\Big[> \text{limit}((f(x + h) - f(x))/h, h = 0);$$

例 4.1　用定义求函数 $f(x) = \sin x$ 的一阶导数。

解　在 Maple 中做如下运算：

$$\Big[> \text{restart};$$
$$\Big[> \text{limit}((\sin(x + h) - \sin(x))/h, h = 0);$$

解得：$(\sin x)' = \cos x$。

（2）求导函数

Maple 中的求导命令为 diff，其格式是：

$$\Big[> \text{diff}(函数表达式, 求导变量);$$

或点击 Maple 界面左侧"表达式"面板中的控件 $\dfrac{\mathrm{d}}{\mathrm{d}x}f$，调用求导模板。

例 4.2　求函数 $f(x) = \sin x$ 的导数。

解　在 Maple 中做如下运算：

$\lceil$ > restart：

$\lceil$ > diff(sin(x) ,x) ;

$$\cos(x)$$

或

$\lceil$ > $\dfrac{\mathrm{d}}{\mathrm{d}x}$ sin(x) ;

$$\cos(x)$$

解得：$\sin' x = \cos x$。

例 4.3　求函数 $f(x) = \begin{cases} x, & x \geqslant 0, \\ x^2, & x < 0 \end{cases}$ 的导数。

解　在 Maple 中做如下运算：

$\lceil$ > restart：

$\lceil$ > f：= x - > piecewise(x > = 0,x,x < 0,x^2) ;

$$f：= x \longrightarrow piecewise(0 < = x, x, x < 0, x^2)$$

$\lceil$ > diff(f(x) ,x) ;

$$\begin{cases} 2x & x < 0 \\ undefined & x = 0 \\ 1 & 0 < x \end{cases}$$

解得：$f(x) = \begin{cases} 2x, & x < 0, \\ 不存在, & x = 0, \\ 1, & 0 < x。 \end{cases}$

（3）求导数值

求函数在某一点的导数值，可用以下两种方法。

方法一　用定义求导数，即求出 $f(x)$ 在 $x = a$ 处的导数。

$\lceil$ > limit((f(a + h) - f(a)) /h,h = 0) ;

此法多用于求分段函数分段点上的左、右导数，

limit((f(a + h) - f(a)) /h,h = 0,left) ;　　求左导数

limit((f(a + h) - f(a)) /h,h = 0,right) ;　　求右导数

如省缺 left/right 参数项，则计算的结果是实数域内的双向导数。

例 4.4　设 $f(x) = \begin{cases} x, & x \geqslant 0, \\ x^2, & x < 0 \end{cases}$ 用导数定义求 $f'(0)$。

解　因为 $x = 0$ 是函数的分段点，键入：

$\lceil$ > restart：

$\lceil$ > limit((h^2 - 0) /h,h = 0,left) ;

$$0$$

$\lceil$ > limit((h - 0) /h,h = 0,right) ;

1

解得：$f'(0)$不存在。

方法二 分两步，第一步求出导函数，第二步求出导函数在该点的值。

例 4.5 求函数$f(x) = \cos x - \sin x$ 在 $x = \dfrac{\pi}{6}$处的导数值。

解 在 Maple 中做如下运算：

[> restart：

[> diff(cos(x) − sin(x),x)； 求导函数

$$- \sin(x) - \cos(x)$$

[> eval(% ,x = Pi/6)； 将 $x = \dfrac{\pi}{6}$代入导函数

$$- \frac{1}{2} - \frac{1}{2}\sqrt{3}$$

解得：$f\left(\dfrac{\pi}{6}\right) = - \dfrac{1}{2} - \dfrac{1}{2}\sqrt{3}$。

4.3.2 求函数的高阶导数

求$\dfrac{\mathrm{d}^j f}{\mathrm{d}xj\cdots\mathrm{d}x1}$的 Maple 命令格式为：

[> diff(f,x1 ,… ,xj)；

求$\dfrac{\mathrm{d}^r f}{\mathrm{d}x_j^{kj}\cdots\mathrm{d}x_1^{k1}}$的 Maple 命令格式为：

[> diff(f,x1 \$ k1,x2 \$ k2,⋯,xj \$ kj)；

其中f是表达式；$x1,x2,⋯,xj$是自变量，$ki(1 \le i \le j)$为整数，$r = \sum\limits_{i=1}^{j} ki$。

例 4.6 求函数$f(x) = \sin x$ 的四阶导数。

解 在 Maple 中做如下运算：

[> restart：

[> diff(sin(x),x \$ 4)；

$$\sin(x)$$

解得：$\sin^{(4)} x = \sin x$。

4.3.3 求一元函数的微分

Maple 中求一元函数微分的方法是使用 diff 命令求导，再将结果乘以 dx。

例 4.7 求$y = x^2 + \sin x$ 的微分。

解 在 Maple 中做如下运算：

[> restart：

$[\,>\mathrm{diff}(\,\mathrm{x}\hat{}2+\sin(\,\mathrm{x})\,,\mathrm{x})\,;$

$$2x+\cos(x)$$

所以 $y=x^2+\sin x$ 的微分 $\mathrm{d}y=(2x+\cos x)\,\mathrm{d}x$。**注意不要做以下运算。**

$[\,>\mathrm{Diff}(\,\mathrm{x}\hat{}2+\sin(\,\mathrm{x})\,,\mathrm{x})\,;$

$$\frac{\mathrm{d}}{\mathrm{d}x}(x^2+\sin(x))$$

这是由于 Diff 是 diff 的惰性形式，只返回未求导。

例 4.8　求 $y=x^3$ 在 $x=2.03$ 处及 $x=1$，$\Delta x=0.01$ 处的微分。

解　在 Maple 中做如下运算：

$[\,>\mathrm{restart};$

$[\,>\mathrm{eval}(\,\mathrm{diff}(\,\mathrm{x}\hat{}3,\mathrm{x})\ast\mathrm{dx},\mathrm{x}=2.03)\,;$

$$12.3627dx$$

$[\,>\mathrm{eval}(\,\mathrm{diff}(\,\mathrm{x}\hat{}3,\mathrm{x})\ast\mathrm{dx},[\,\mathrm{x}=1,\mathrm{dx}=0.01\,])\,;$

$$0.03$$

解得：$y\big|_{x=2.03}=12.3627\mathrm{d}x$，$\mathrm{d}y\Big|_{x=1,\Delta x=0.01}=0.03$。

4.3.4　求隐函数的导数

我们可使用 implicitdiff 命令，求由方程 $f(x,y)=0$ 所确定的隐函数的导数。

例 4.9　求由方程 $x^2+4y^2=4$ 所确定的隐函数的导数 $\dfrac{\mathrm{d}y}{\mathrm{d}x}$。

解　在 Maple 中做如下运算：

$[\,>\mathrm{restart};$

$[\,>\mathrm{f};=\mathrm{x}\hat{}2+4\ast\mathrm{y}\hat{}2=4;$

$$f:=x^2+4y^2=4$$

$[\,>\mathrm{implicitdiff}(\,\mathrm{f},\mathrm{y},\mathrm{x})\,;$

$$-\frac{1}{4}\frac{x}{y}$$

解得：$y'=-\dfrac{x}{4y}$。

4.3.5　求参数方程所确定的函数的导数

求由参数方程 $\begin{cases}x=x(t),\\ y=y(t)\end{cases}$，所确定的函数的一阶导数，可以用以下命令进行运算：

$[\,>\mathrm{restart};$

$[\,>\mathrm{f};=\mathrm{x}=\mathrm{x}(\,\mathrm{t})\,;$

$[\,>\mathrm{g};=\mathrm{y}=\mathrm{y}(\,\mathrm{t})\,;$

$[\,>\mathrm{implicitdiff}(\,\{\mathrm{f},\mathrm{g}\}\,,\{\mathrm{y}(\,\mathrm{x})\,,\mathrm{t}(\,\mathrm{x})\,\}\,,\mathrm{y},\ \mathrm{x})\,;$

求二阶导数用以下命令进行运算:

```
[ > restart:
[ > f: = x = x(t);
[ > g: = y = y(t);
[ > implicitdiff({f,g},{y(x),t(x)},y,x,x);
```

例 4.10 求参数方程 $\begin{cases} x = \cos t, \\ y = \sin t \end{cases}$ 所确定的函数的二阶导数。

解 在 Maple 中做以下运算:

```
[ > restart:
[ > f: = x = cos(t);
```

$$f: = x = \cos(t)$$

```
[ > g: = y = sin(t);
```

$$g: = y = \sin(t)$$

```
[ > implicitdiff({f,g},{y(x),t(x)},y,x);
```

$$-\frac{\cos(x)}{\sin(x)}$$

```
[ > implicitdiff({f,g},{y(x),t(x)},y,x,x);
```

$$-\frac{\sin(t)^2 + \cos(t)^2}{\sin(t)^3}$$

```
[ > simplify(%,trig);
```

$$-\frac{1}{\sin(t)^3}$$

解得: $\dfrac{dy}{dx} = -\cot t$, $\dfrac{d^2 y}{dx^2} = -\csc^3 t$。

4.3.6 导数的应用

使用导数这一工具对函数进行研究,其大量工作在于求导和解方程,而 Maple 提供了 diff, implicitdiff 和 solve 命令,使我们在用导数研究函数时免去许多计算。

使用 Maple 讨论函数的单调性与凹凸性的思路和方法与理论课程中讨论的方法一样。在讨论函数的单调性时,求出函数驻点后,通过对导函数的观察,找出导数不存在的点,与驻点一起对区间进行分割,然后讨论每个小区间上函数的单调性。在讨论函数的凹凸性时,先求出函数二阶导数,找出二阶导数不存在的点与二阶导数为零的点,使用这些点对区间进行分割,然后讨论每个小区间上函数的凹凸性。

例 4.11 确定函数 $y = x^3 - 3x^2 - 9x + 14$ 的单调区间和凹凸区间。

解 在 Maple 中做以下运算:

```
[ > restart:
[ > diff(x^3 - 3 * x^2 - 9 * x + 14,x);   求一阶导数
```

$$3x^2 - 6x - 9$$

[> solve([% = 0], x) ;　解出驻点

$$\{x = 3\}, \{x = -1\}$$

[> diff(x^3 − 3 * x^2 − 9 * x + 14, x $2) ;　求二阶导数

$$6x - 6$$

[> eval(% , x = −1) ;　求驻点 $x = -1$ 的二阶导数值

$$-12$$

[> eval(% % , x = 3) ;　求驻点 $x = 3$ 的二阶导数值

$$12$$

[> eval(x^3 − 3 * x^2 − 9 * x + 14, x = −1) ;　求函数值 $f(-1)$

$$19$$

[> eval(x^3 − 3 * x^2 − 9 * x + 14, x = 3) ;　求函数值 $f(3)$

$$-13$$

[> solve(6 * x − 6 = 0, {x}) ;　解出二阶导数为零的点

$$\{x = 1\}$$

即得该函数的驻点为 $x = 3$，$x = -1$，经观察无导数不存在的点，且二阶导数为零的点是 $x = 1$。在 Maple 中做以下运算：

[> plot(x^3 − 3 * x^2 − 9 * x + 14, x = −5..5) ;

输出结果如图 4-3 所示。

或

[> with(Student[Calculus1]) :

[> FunctionChart(x^3 − 3 * x^2 − 9 * x + 14, −5..5, concavity = [ ], slope = color (red, black)) ;

输出结果如图 4-4 所示。

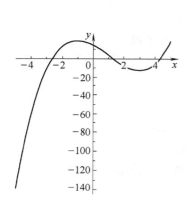

图 4-3

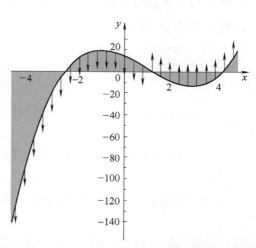

On the interval $[-5,5]$, a chart of $f(x) = x^3 - 3x^2 - 9x + 14$

图 4-4

以及

[> FunctionChart(x^3 − 3 * x^2 − 9 * x + 14, − 5..5, slope = [thickness(2,1), linestyle(solid,dash)],concavity = arrow) ;

输出结果如图 4-5 所示。

观察图形可得该函数在区间(− ∞, − 1], [3, + ∞)内单调递增，在区间[− 1,3]内单调递减；在(− ∞,1]内为凸函数，在[1, + ∞)内为凹函数。

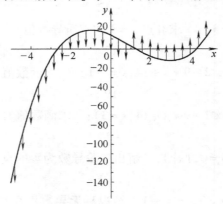

On the interval [−5,5], a chart of $f(x) = x^3 − 3x^2 − 9x + 14$

图 4-5

同时还可由极值的第二判定定理，得到函数的极小值点为 $x = 3$，极小值为 $y = − 13$；极大值点为 $x = − 1$，极大值为 $y = 19$。通过对图形的观察也可验证这一结论。

使用 Maple 求函数最值问题解的方法是先求出函数所有的驻点及导数不存在的点，将这些点的函数值以及端点处的函数值放在一起，从中选出最大值和最小值及相应的点，即可求出函数的最值与最值点。

例 4.12　求函数 $f(x) = 2x^3 − 6x^2 − 18x + 7$ 在区间[− 2, 6]上的最大值与最小值。

解　在 Maple 中做以下运算：

[> restart;

[> diff(2 * x^3 − 6 * x^2 − 18 * x + 7,x)；　求一阶导数

$$6x^2 − 12x − 18$$

[> solve(% = 0,{x})；　解出驻点

$$\{x = 3\},\{x = − 1\}$$

[> f: = x − >2 * x^3 − 6 * x^2 − 18 * x + 7；　定义函数

$$f: = x → 2x^3 − 6x^2 − 18x + 7$$

[> map(f,[− 1,3, − 2,6])；　求驻点、不可导点、端点的函数值

$$[17, − 47,3,115]$$

解得：函数的最大值 $f_{max}(6) = 115$，最小值 $f_{min}(− 2) = − 47$。

本章仅介绍了使用 Maple 研究函数单调性、凹凸性与最值问题。事实上，使用 Maple 还可讨论导数的其他应用，例如求曲线的切线等，这里就不一一介绍了。

4.4　命令小结

命令小结如表4-1所示。

表　4-1

运　　算	Maple 命令
用定义求导函数	$\mathrm{limit}((f(a+h)-f(a))/h, h=0)$
函数求导	$\mathrm{diff}(函数表达式,求导变量)$
求导数值	1. $\mathrm{limit}(f(x),x=a)$,求函数在某一点的极限； 求左导数:$\mathrm{limit}(f(x),x=a,\mathrm{left})$,求右导数:$\mathrm{limit}(f(x),x=a,\mathrm{right})$。 2. 先求出导函数,第二步求出导函数在该点的值
求 n 阶导数	求 $\dfrac{\mathrm{d}^{j}f}{\mathrm{d}x_{j}\mathrm{d}x_{j-1}\cdots\mathrm{d}x_{1}}$,使用命令 $\mathrm{diff}(f,x1,\ldots,xj)$； 求 $\dfrac{\mathrm{d}^{r}f}{\mathrm{d}x_{j}^{kj}\cdots\mathrm{d}x_{1}^{k1}}$,使用命令 $\mathrm{diff}(f,x1\,\$\,k1,x2\,\$\,k2,\cdots,xj\,\$\,kj)$； 其中 f 是表达式,$x1,x2,\cdots,xj$ 是自变量,$ki(1\leqslant i\leqslant j)$ 为整数,$r=\sum\limits_{i=1}^{j}ki$。
求一元函数的微分	先用 $\mathrm{diff}(函数表达式,求导变量)$求导,再乘以 $\mathrm{d}x$
求 $y=f(x)$ 在 $x=a$ 处的微分	$\mathrm{eval}(\mathrm{diff}(f(x),x),x=a)*\mathrm{d}x$
求 $y=f(x)$ 在 $x=a,\mathrm{d}x=b$ 处的微分	$\mathrm{eval}(\mathrm{diff}(f(x),x)*\mathrm{d}x,[x=a,\mathrm{d}x=b])$
隐函数求导	[$>f:=$ 表达式; [$>\mathrm{implicitdiff}(f,y,x)$;
求参数方程 $\begin{cases}x=x(t)\\y=y(t)\end{cases}$ 所确定的函数的一阶导数	[$>f:=x=x(t)$; [$>g:=y=y(t)$; [$>\mathrm{implicitdiff}(\{f,g\},\{y(x),t(x)\},y,x)$;
求参数方程 $\begin{cases}x=x(t)\\y=y(t)\end{cases}$ 所确定的函数的二阶导数	[$>f:=x=x(t)$; [$>g:=y=y(t)$; [$>\mathrm{iimplicitdiff}(\{f,g\},\{y(x),t(x)\},y,x,x)$;

4.5　运算练习

1. 设函数 $y=\begin{cases}\ln x, & x\geqslant 1\\x-1, & x<1\end{cases}$,用导数定义求 y 在 $x=1$ 处的导数。

2. 求下列函数的一阶导数：

（1）$y=x\tan x-\csc x$；

（2）$y=\sqrt{1+\ln^{2}x}$；

（3）$y=\dfrac{1+\cos^{2}x}{\cos x^{2}}$；

（4）$y=a^{x}+x^{n}+x^{x}$。

3. 求函数 $y = \dfrac{\tan x}{x} + \tan \dfrac{\pi}{4}$ 在 $x = 1$ 处的导数值 $y'|_{x=1}$。

4. 求下列函数的微分:

（1） $y = x\tan x - \csc x$; （2） $y = \arctan \sqrt{1 - \ln x}$。

5. 求 $y = x^3 - x$ 在 $x = 2, \Delta x = 0.1$ 处的微分 $\mathrm{d}y\Big|_{x=2, \Delta x = 0.1}$。

6. 求下列隐函数的导数:

（1） $\arctan \dfrac{y}{x} = \ln \sqrt{x^2 + y^2}$; （2） $x^2 - xy + y^2 = 1$。

7. 求参数方程 $\begin{cases} x = \ln(1 + t^2) \\ y = t - \arctan \end{cases}$ 所确定的函数 $y = y(x)$ 的一阶导数和二阶导数。

8. 求下列函数的二阶导数:

（1） $y = x\mathrm{e}^{-x}$; （2） $y = \dfrac{1}{x^3 + 1}$。

9. 求 $f(x) = \ln(x^2 + 1)$ 在 $x = 2$ 处的切线方程和法线方程。

10. 讨论函数 $y = x^4 - 6x^2 + 8x + 7$ 的单调区间和凹凸区间，并求出极值点和拐点。

11. 某厂每年需购买某种零件 100 万件，每次购进这种零件需各种费用 1000 元，而每个零件的年库存费为 0.05 元。如果工厂使用的零件是均匀的，且上批用完后立刻进下一批。问工厂应分几次购进这种零件，才能使所用的各种费用及库存费总和最少？

第5章 不定积分、定积分及其应用

本章首先介绍制作和调用动画加深对定积分概念理解的方法，其次讲解使用 Maple 自主学习求积分及解积分应用题的方法，最后将介绍 Maple 中的 int 命令，使用该命令能很方便地求出不定积分和定积分，讨论不定积分和定积分的应用问题。

5.1 动画制作

5.1.1 曲边梯形的面积

我们可从"工具"菜单中选择"Math Apps（数学应用程序）"→"Calculus（微积分）"→"Integral（积分）"，点击"Riemann Sums（黎曼和）"、"Simpson's Rule"或"Trapezoidal Rule"可看到各类求曲边梯形面积的方法。

我们还可以从"工具"菜单中选择"向导"→"微积分 – 单变量（Calculus1）"→"黎曼和（Riemann Sums）"，调用"Calculus1-Approximate Integration"对话框，观看求曲边梯形面积的动画。或用以下命令调用上述对话框。

$[> \text{Student}[\text{Calculus1}][\text{ApproximateIntTutor}]();$

5.1.2 无穷区间上的积分

我们做一个动画来辅助理解无穷区间的函数积分 $\int_1^{+\infty} \dfrac{1}{x^2} \mathrm{d}x$ 的定义。

$[> \text{with}(\text{plots}):$
$[> \text{animate}(\text{plot}, [[0, 1/x\char`\^2], x = 1..t], \text{color} = \text{"NavyBlue"}, \text{thickness} = 3,$
$\text{filled} = [\text{color} = \text{"Blue"}, \text{transparency} = 0.5]], t = 1..10);$

在这一动画中，平面上蓝色部分的面积就是 $\int_1^a \dfrac{1}{x^2} \mathrm{d}x$ 的值。当蓝色部分逐渐向 x 轴正向扩展时，其面积趋于 1，也就是当 a 不断增加时，$\int_1^a \dfrac{1}{x^2} \mathrm{d}x$ 趋于 1。这一动画帮助我们直观理解无穷区间上函数积分定义的思想。

5.2 自主学习

Maple 不仅能方便地得到符号计算结果，Maple 中的"Student（学生）"包，还会将积分解题过程分步显示，并注明使用的原理。

5.2.1 求积分

有四种方法可分步显示求积分步骤。其一是在"工具"菜单中选择"向导"→"微积分 − 单变量"→"积分法（Integration Methods）"，可调用"积分法"对话框，分步观看求导过程；其二是使用以下命令调用该对话框：

[> Student[Calculus1][IntTutor]( );

其三是使用 ShowSolution 命令，例如计算 $\int x\sin(x)\,\mathrm{d}x$ ，可进行以下运算：

[> with(Student[Calculus1]):

[> Int(x * sin(x) , x);

$$\int x\sin(x)\,\mathrm{d}x$$

[> ShowSolution(%);

$$\int x\sin(x)\,\mathrm{d}x$$

$$= - x\cos(x) - \int - \cos(x)\,\mathrm{d}x \quad [\,parts,x, - \cos(x)\,]$$

$$= - x\cos(x) + \int \cos(x)\,\mathrm{d}x \quad [\,constantmultiple\,]$$

$$= - x\cos(x) + \sin(x) \qquad [\,\cos\,]$$

其四是可从"工具"菜单中选择"任务（Task）"→"浏览"→"Caluclus − Integral（微积分 − 积分）"→"Methods of Integration（积分方法）"，选择该文件夹中"分部积分法（Parts）"、"换元法（Substitution）"和"有理函数积分法（Partial Fraction）"模板，然后进行相关积分方法的学习。

5.2.2 定积分应用题

在工具菜单的"向导"中有"微积分 − 单变量"，其中包含多个定积分应用题求解对话框（见下表 5-1），通过它们可看到解题步骤、相关图像和答案。

表 5-1 定积分应用

运算	菜单名称	Maple 命令
求弧长	弧长	Student[Calculus1][CurveAnalysisTutor]( );
求旋转体体积	旋转体体积	Student[Calculus1][VolumeOfRevolutionTutor]( );
求函数平均数	函数平均数	Student[Calculus1][FunctionAverageTutor]( );

5.3 数学运算

5.3.1 计算不定积分

在 Maple 中计算不定积分的格式为

> [> int(被积函数表达式,积分变量);

注意：积分常数不会出现在结果中。

例 5.1 求函数 $y = \sin 2x$ 的积分。

解 在 Maple 中做以下运算：

> [> restart；

> [> int(sin(2 * x), x);

$$-\frac{1}{2}\cos(2x)$$

解得：$\displaystyle\int \sin 2x \, \mathrm{d}x = -\frac{1}{2}\cos(2x) + C$。

注意：使用 int 命令求函数的不定积分，屏幕显示的结果为被积函数的一个原函数，而不是原函数的全体，所以书写结论时需添加任意常数 C。

函数的不定积分与求导运算是两个互逆运算，我们可以通过对积分结果的求导来检验积分结果的正确性。

例 5.2 求 $\displaystyle\int \cos\frac{x}{2}\mathrm{d}x$。

解 在 Maple 中做以下运算：

> [> restart；

> [> int(cos(1/2 * x), x);

$$2\sin\left(\frac{1}{2}x\right)$$

> [> diff(%, x);

$$\cos\left(\frac{1}{2}x\right)$$

解得：$\displaystyle\int \cos\frac{x}{2}\mathrm{d}x = 2\sin\frac{x}{2} + C$。

Maple 在计算不定积分时，其结果一般没有经过化简运算。在使用 int 命令时，前面加上 simplify 命令，就可将积分结果进行化简。

例 5.3 求 $\displaystyle\int \frac{x}{x - \sqrt{x^2 - 1}}\mathrm{d}x$。

解 在 Maple 中做以下运算：

> [> restart；

> [> int(x/(x - sqrt(x^2 - 1)), x);

$$\frac{1}{3}x^3 + \frac{1}{3}(x^2 - 1)^{3/2}$$

> [> simplify(%);

$$\frac{1}{3}x^3 + \frac{1}{3}x^2\sqrt{x^2 - 1} - \frac{1}{3}\sqrt{x^2 - 1}$$

解得：$\displaystyle\int\frac{x}{x-\sqrt{x^2-1}}\mathrm{d}x = \frac{1}{3}x^3 + \frac{1}{3}(x^2-1)^{3/2} + C$。

例 5.4 求 $(3x+5)\displaystyle\int x\,\mathrm{d}x - ((\sin x)' + 3x)\left(\displaystyle\int\mathrm{e}^x\mathrm{d}x + 5\right)$。

解 在 Maple 中做以下运算：

```
[ > restart：
[ > (3 * x + 5) * int(x,x) - (diff(sin(x),x) + 3 * x) * (int(exp(x),x) + 5);
```

$$\frac{1}{2}(3x+5)x^2 - (\cos(x) + 3x)(\mathrm{e}^x + 5)$$

解得所求值为：$(5+3x)\left(\dfrac{x^2}{2} + C_1\right) - (\mathrm{e}^x + C_2)(3x + \cos x)$。

int 命令不仅可求初等函数不定积分，还能求抽象函数不定积分。

例 5.5 求 $\displaystyle\int f(x)f'(x)\mathrm{d}x$。

解 在 Maple 中做以下运算：

```
[ > restart：
[ > int(f(x) * diff(f(x),x),x);
```

$$\frac{1}{2}f(x)^2$$

解得：$\displaystyle\int f(x)f'(x)\mathrm{d}x = \frac{1}{2}f^2(x) + C$。

int 命令能求出带参数函数的不定积分，但不能对参数进行讨论。

例 5.6 求 $\displaystyle\int x^n\mathrm{d}x$。

解 在 Maple 中做以下运算：

```
[ > restart：
[ > int(x^n,x);
```

$$\frac{x^{n+1}}{n+1}$$

上述计算结果当 $n \neq -1$ 时成立，当 $n = -1$ 时，另行计算：

```
[ > int(x^(-1),x);
```

$$\ln(x)$$

因此，$\displaystyle\int x^n\mathrm{d}x = \begin{cases} \dfrac{x^{n+1}}{n+1} + C, & n \neq -1, \\ \ln x + C, & n = -1。 \end{cases}$

5.3.2 计算定积分

在 Maple 中定积分的计算，可用命令 int 来实现。其格式如下：

```
[ > int( 被积函数表达式,积分变量 = 积分下限 .. 积分上限);
```

例 5.7　求积分 $\int_1^2 \sin x \mathrm{d}x$ 的值。

解　在 Maple 中做以下运算:

```
[ > restart:
[ > int( sin( x ) ,x = 1 .. 2);
```
$$\cos(1) - \cos(2)$$
```
[ > evalf( Int( sin( x ) ,x = 1 .. 2));
```
$$0.9564491424$$

解得:$\int_1^2 \sin x \mathrm{d}x = \cos(1) - \cos(2) \approx 0.9564491424$。

例 5.8　计算积分 $\int_0^2 |x - 1| \mathrm{d}x$。

解　在 Maple 中做以下运算:

```
[ > restart:
[ > int( abs( -1 + x ) ,x = 0 .. 2);
```
$$1$$

解得:$\int_0^2 |x - 1| \mathrm{d}x = 1$。

5.3.3　计算广义积分

在 Maple 中讨论广义积分时,不管是无穷区间积分,还是无界函数积分,可以不必事先判断积分的敛散性,当积分收敛时系统直接输出积分值,发散时输出信息∞。

例 5.9　判断广义积分 $\int_0^2 \dfrac{1}{(1-x)^2} \mathrm{d}x$ 的敛散性。

解　在 Maple 中做以下运算:

```
[ > restart:
[ > int(1/( 1 - x )^2,x = 0 .. 2);
```
$$\infty$$

积分 $\int_0^2 \dfrac{1}{(1-x)^2} \mathrm{d}x$ 的输出结果为∞,说明积分是发散的。

例 5.10　判断广义积分 $\int_1^{+\infty} \dfrac{1}{x^p} \mathrm{d}x$ 的敛散性。

解　在 Maple 中做以下运算:

```
[ > restart:
[ > int(1/( x^p ) ,x = 1 .. infinity);
```
$$\lim_{x \to \infty} \left(-\frac{x^{-p+1} - 1}{p - 1} \right)$$

[> int(1 / (x^p) , x = 1 .. infinity) assuming p > 1;

$$\frac{1}{p-1}$$

[> int(1 / (x) , x = 1 .. infinity) ;

$$\infty$$

[> int(1 / (x^p) , x = 1 .. infinity) assuming p < = 1;

$$\frac{\infty\ p}{p-1} - \frac{\infty}{p-1}$$

解得：$\displaystyle\int_1^{+\infty} \frac{1}{x^p} \mathrm{d}x = \begin{cases} \dfrac{1}{p-1}, & p > 1, \\ \text{发散}, & p \leqslant 1。\end{cases}$

对于原函数无法用初等函数表示的定积分，Maple 能求出其在特定区间上的定积分数值。

例 5.11　计算积分 $\displaystyle\int_0^{+\infty} \mathrm{e}^{-x^2}\mathrm{d}x$。

解　在 Maple 中做以下运算：

[> restart：

[> int(exp(- x^2) , x = 0 .. infinity) ;

$$\frac{1}{2}\sqrt{\pi}$$

[> evalf(%) ;

$$0.8862269255$$

解得：$\displaystyle\int_0^{+\infty} \mathrm{e}^{-x^2}\mathrm{d}x = \frac{\sqrt{\pi}}{2} \approx 0.8862269255$。

5.3.4　积分的应用

有了 int 命令，结合前面章节中所学的内容，讨论有关积分应用的问题就更为方便。

例 5.12　求由曲线 $y = x^2 - 2x + 3$ 与直线 $y = x + 3$ 所围平面图形的面积。

解　在 Maple 中做以下运算：

[> restart：

[> solve({ y = x^2 - 2 * x + 3 , y - x = 3 } , { x , y }) ;　求曲线交点

$$\{ x = 0 , y = 3 \} , \{ x = 3 , y = 6 \}$$

[> plot([x^2 - 2 * x + 3 , x + 3] , x = 0 .. 3) ;　作曲线的图形

输出结果如图 5-1 所示。

根据图形，所求面积 $S = \displaystyle\int_0^3 (x + 3 - (x^2 - 2x + 3))\mathrm{d}x$，用 int 命令计算积分：

[> int(x + 3 - (x^2 - 2 * x + 3) , x = 0 .. 3) ;

$$\frac{9}{2}$$

解得：所求面积为 4.5。

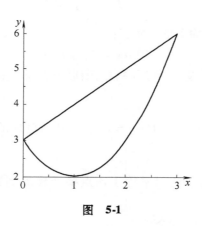

图　5-1

5.4　命令小结

命令小结如表 5-2 所示。

表　5-2

运算	Maple 命令
求不定积分	int(被积函数表达式，积分变量)
求定积分(广义积分)	int(被积函数表达式，积分变量＝积分下限‥积分上限)

5.5　运算练习

1. 求下列函数的积分：

(1) $\displaystyle\int \frac{1}{x^2}\sin\frac{1}{x}\mathrm{d}x$；

(2) $\displaystyle\int \frac{\sqrt{x^2-4}}{x}\mathrm{d}x$；

(3) $\displaystyle\int \mathrm{e}^{-x}\cos x\mathrm{d}x$；

(4) $\displaystyle\int \frac{2x-3}{x^2-5x+6}\mathrm{d}x$；

(5) $\displaystyle\int_0^1 (3x-2)^{99}\mathrm{d}x$；

(6) $\displaystyle\int_0^1 \frac{x^2}{1+x^6}\mathrm{d}x$；

(7) $\displaystyle\int_0^{\frac{\pi}{2}} \cos^3 x\sin x\mathrm{d}x$；

(8) $\displaystyle\int_0^{\ln2} x\mathrm{e}^{-x}\mathrm{d}x$；

(9) $\displaystyle\int_{\frac{1}{e}}^{e} |\ln x|\mathrm{d}x$。

2. 已知 $f(x)=\begin{cases} \dfrac{1}{1+x}, & x\geqslant 0, \\[2mm] \dfrac{1}{1+\mathrm{e}^x}, & x<0 \end{cases}$　求 $\displaystyle\int_{-1}^{1} f(x)\mathrm{d}x$ 。

3. 判断下列广义积分的敛散性,如收敛则计算积分值:

(1) $\int_1^e \dfrac{1}{x\sqrt{1-(\ln x)^2}}dx$;　　　(2) $\int_e^{+\infty} \dfrac{(\ln x)^3}{x}dx$。

4. 求下列曲线所围成平面图形的面积:

(1) $y=2x+3$, $y=x^2$;　　　(2) $y=x^3$, $y=2x-x^2$。

5. 求以抛物线 $y=4-x^2$ 及 $y=0$ 所围成的图形为底面,垂直于 y 轴的所有截面都是高为 2 的矩形的立体的体积。

6. 求抛物线 $y=\dfrac{1}{4}x^2(x>0)$ 与直线 $y=1$ 及 $x=0$ 所围成的图形分别绕 x 轴、y 轴旋转一周而形成旋转体的体积。

7. 某曲线在任一点处的切线斜率等于该点横坐标的倒数与横坐标之差,且通过点 $(e^3, 3)$,求此曲线的方程。

8. 求心脏线 $r=a(1+\cos t)$ 的全长。

9. 如果 1N 的力能使弹簧伸长 0.05m,现要使这弹簧伸长 0.1m,问需做多少功?

第6章 常微分方程

本章讲解使用 Maple 自主学习常微分方程的方法，以及使用 dsolve 命令求常微分方程解析解和数值解的方法。

6.1 自主学习

首先，我们可使用

[> dsolve[interactive] ( ) ;

命令调用"ODE Analyzer Assistant"对话框，按"Differential Equations（微分方程）"、"Conditions（条件）"和"Parameters（参数）"对话框下的"Edit（编辑）"输入相关内容，点击"Solve Numerically（求数值解）"或"Solve Symbolically（求解析解）"可求得方程（组）的解。

其次，我们通过选择"工具"菜单的"任务（Task）"→"浏览"→"Differential Equations（微分方程）"→"ODEs（常微分方程）"可看到"Identify the Type of an ODE（检验常微分方程类型）"及"Solve a System of Ordinary Differential Equations（解常微分方程）"模板，操作上述模块可判别常微分方程的类型以及求常微分方程解。

6.2 数学运算

6.2.1 求常微分方程的解析解

Maple 中用于求常微分方程的通解和特解的命令格式为：

[> dsolve（常微分方程,因变量（自变量）,implicit,可选参数项）;

[> dsolve（{常微分方程组,初始条件},因变量（自变量）,implicit,可选参数项）;

其中初始条件中的 $y^{(n)}(c) = d$ 可用 D^n(y)(c) = d 表示，$y'(c) = d$ 可简写为 D(y)(c) = d；如果写了"implicit"，可求隐式解，否则求显式解。

例 6.1 求 $x(1 + y^2)\mathrm{d}y + y(1 - x^2)\mathrm{d}x = 0$ 的通解。

解 在 Maple 中做如下运算：

[> restart;

[> dsolve((x + x * y(x)^2) * diff(y(x),x) + y(x) − x^2 * y(x) = 0,y(x));

$$y(x) = \cfrac{1}{\sqrt{\cfrac{1}{\mathrm{LambertW}\left(\cfrac{\mathrm{e}^{x^2}\_C1}{x^2}\right)}}}$$

$[> \text{simplify}(\% , ' \text{symbolic} ') ;$

$$y(x) = \sqrt{\text{LambertW}\left(\frac{e^{x^2}\_C1}{x^2}\right)}$$

$[> \text{dsolve}((x + x * y(x)^2) * \text{diff}(y(x),x) + y(x) - x^2 * y(x) = 0, y(x), \text{implicit}) ;$

$$\frac{1}{2}x^2 - \ln(x) - \frac{1}{2}y(x)^2 - \ln(y(x)) + \_C1 = 0$$

$[> \text{isolate}(\% , \_C1) ;$

$$\_C1 = -\frac{1}{2}x^2 + \ln(x) + \frac{1}{2}y(x)^2 + \ln(y(x))$$

解得方程的通解为：$-x^2 + 2\ln(xy) + y^2 = C$。

例 6.2　求 $\dfrac{\mathrm{d}y}{\mathrm{d}x} - \dfrac{2y}{x+1} = (x+1)^{\frac{5}{2}}$ 的通解。

解　在 Maple 中做如下运算：

$[> \text{restart} ;$

$[> \text{dsolve}(\text{diff}(y(x),x) - 2 * y(x)/(x+1) = (x+1)^{\wedge}(5/2), y(x)) ;$

$$y(x) = \left(\frac{2}{3}(x+1)^{\frac{3}{2}} + \_C1\right)(x+1)^2$$

所求解为：$y = \dfrac{2(1+x)^{7/2}}{3} + C(1+x)^2$。如在 Maple 中做如下运算：

$[> \text{restart} ;$

$[> \text{infolevel}[\text{dsolve}] := 2 ;$

$[> \text{dsolve}(\text{diff}(y(x),x) - 2 * y(x)/(x+1) = (x+1)^{\wedge}(5/2), y(x)) ;$

Methods for first order ODEs：

– – – Trying classification methods – – –

trying a quadrature

trying 1st order linear

< – 1st order linear successful

$$y(x) = \left(\frac{2}{3}(x+1)^{\frac{3}{2}} + \_C1\right)(x+1)^2$$

这样，在求得方程解的同时，还可以得到有关该方程的更多信息。"infolevel[dsolve]"的数值可取 1 至 5 的正整数，数值越大信息越多。

如要求初始条件 $y\big|_{x=0} = 0$ 下的特解，在 Maple 中可做如下运算：

$[> \text{restart} ;$

$[> \text{dsolve}(\{ \text{diff}(y(x),x) - 2 * y(x)/(x+1) = (x+1)^{\wedge}(5/2), y(0) = 0 \}, y(x)) ;$

$$y(x) = \left(\frac{2}{3}(x+1)^{3/2} - \frac{2}{3}\right)(x+1)^2$$

所以方程的特解为：$y = \dfrac{-2(1+x)^2}{3} + \dfrac{2(1+x)^{7/2}}{3}$。

例 6.3　求 $y^{(4)} = e^{2x} + 1$ 的通解。

解　在 Maple 中做如下运算：

$\lceil > \text{restart}:$

$\lceil > \text{dsolve}(\text{diff}(y(x), x \$ 4) = \exp(2 * x) + 1, y(x));$

$$y(x) = \frac{1}{16}e^{2x} + \frac{1}{24}x^4 + \frac{1}{6}\_C1\,x^3 + \frac{1}{2}\_C2\,x^2 + \_C3\,x + \_C4$$

解得：$y = \dfrac{e^{2x}}{16} + \dfrac{x^4}{24} + C_4 + C_3 x + C_2 x^2 + C_1 x^3$。

例 6.4　求 $y'' + y' = 2x^2 - 3$ 的通解。

解　在 Maple 中做如下运算：

$\lceil > \text{restart}:$

$\lceil > \text{dsolve}(\text{diff}(y(x), x \$ 2) + \text{diff}(y(x), x) = 2 * x^2 - 3, y(x));$

$$y = \frac{2}{3}x^3 - 2x^2 + e^{-x}\_C1 + x + \_C2$$

解得：$y = x - 2x^2 + \dfrac{2x^3}{3} + \dfrac{C_1}{e^x} + C_2$。

例 6.5　求 $x^2 y' = x^2 + y^2$ 的通解。

解　在 Maple 中做如下运算：

$\lceil > \text{restart}:$

$\lceil > \text{dsolve}(\text{diff}(y(x), x) = (x^2 + y(x)^2)/x^2, \ y(x));$

$$y(x) = \frac{1}{6}x\left(\sqrt{3} + 3\tan\left(\frac{1}{2}(\ln(x) + \_C1)\sqrt{3}\right)\right)\sqrt{3}$$

解得微分方程的通解为 $y = \dfrac{1}{6}x\left(\sqrt{3} + 3\tan\left(\dfrac{1}{2}(\ln(x) + C_1)\sqrt{3}\right)\right)\sqrt{3}$。

　　由以上例子可知，使用 dsolve 命令可求解的微分方程类型有：可分离变量、一阶线性、$y^{(n)} = f(x)$、二阶常系数线性微分方程和齐次方程。事实上，对 $y'' = f(x, y')$ 和 $y'' = f(y, y')$ 类型的微分方程也可使用 dsolve 命令求解。

6.2.2　求常微分方程的数值解

　　Maple 软件提供了 dsolve 命令求常微分方程的通解和特解，但有许多常微分方程是没有解析解的，即使有解析解，dsolve 也未必能求出。使用 dsolve 命令还可求常微分方程或常微分方程组的数值解，与求解析解使用的命令格式不同的是，参数项需要加入 numeric 或 type = numeric，其格式为：

$\lceil > \text{dsolve}(\{\text{微分方程/或微分方程加代数方程组,初始/或边界条件}\}, \text{numeric,因}$

变量(自变量),可选参数项);

其中可选参数项包括 method = numericmethod,关键词 numericmethod 可以是 rkf45,ck45,rosenbrock,bvp,rkf45_ dae,ck45_ dae,rosenbrock_ dae,dverk78,lsode,gear,taylorseries,mebdfi,classical 等;其中初始条件中的 $y^{(n)}(c) = d$ 可用 D^n(y)(c) = d 表示,$y'(c) = d$ 可简写为 D(y)(c) = d。

例 6.6 求 $y' + 2xy - \cos x = 0$ 在初始条件 $y|_{x=0} = 1$ 下的特解 y 在 $x = 0.5$ 处的值,并画出函数在 $x \in [0, 10]$ 的图像。

解 在 Maple 中做如下运算:

$[> \text{restart};$

$[> \text{sol}: = \text{dsolve}(\{\text{diff}(y(x),x) + 2 * x * y(x) - \cos(x) = 0, y(0) = 1\}, \text{numeric}, y(x));$

$$sol: = \text{proc}(x\_rkf45) \cdots \text{end proc}$$

dsolve 数值解返回过程(procedure)形式的输出,其中"*rkf*45"表示它将使用 Runge-Kutta 方法求解方程。

$[> \text{sol}(0.5);$ 求 y 在 $x = 0.5$ 处的值

$$[x = 0.5, y(x) = 1.18458757887609]$$

$[> \text{with}(\text{DEtools});$

$[> \text{plots}: - \text{odeplot}(\text{sol}, x = 0..10);$ 画出函数图像

输出结果如图 6-1 所示。

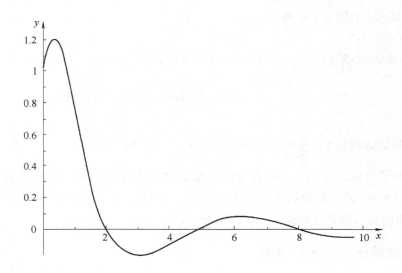

图 6-1

解得: $y|_{x=0.5} = 1.18458$,函数在 $x \in [0, 10]$ 的图像由输出得到。

6.3 命令小结

命令小结如表 6-1 所示。

表 6-1

运算	Maple 命令
求微分方程的解析解	dsolve(常微分方程,因变量(自变量),implicit,可选参数项)和 dsolve({常微分方程组,初始条件},因变量(自变量),implicit,可选参数项), 其中初始条件中的 $y^{(n)}(c) = d$ 可用 D^n(y)(c) = d 表示,$y'(c) = d$ 可简写为 D(y)(c) = d;如果写了"implicit",可求隐式解,否则求显式解
求微分方程的数值解	dsolve({微分方程或微分方程加代数方程组,初始或边界条件},numeric,因变量(自变量),可选参数项) 其中可选参数项包括 method = numericmethod,关键词 numericmethod 可以是 rkf45,ck45,rosenbrock,bvp,rkf45_ dae,ck45_ dae,rosenbrock_ dae,dverk78,lsode,gear,taylorseries,mebdfi,classical 等;初始条件中的 $y^{(n)}(c) = d$ 可用 D^n(y)(c) = d 表示,$y'(c) = d$ 可简写 D(y)(c) = d
要得到解题信息	infolevel[dsolve] := c,c 的数值可取 1 至 5 的正整数,数值越大信息越多
作微分方程数值解的图形	[> with(DEtools): [> plots: - odeplot(微分方程数值解,x = xmin . . xmax);

6.4 运算练习

1. 求微分方程 $y(1 + x)\mathrm{d}y + (1 + y)\mathrm{d}x = 0$ 的通解。

2. 求微分方程 $\begin{cases} \cos y \mathrm{d}x + (1 + \mathrm{e}^{-x})\sin y \mathrm{d}y = 0, \\ y \big|_{x=0} = \dfrac{\pi}{4} \end{cases}$ 的特解。

3. 求微分方程 $y\mathrm{d}x = \left(x + y\sec\dfrac{x}{y} \right)\mathrm{d}y$ 的通解。

4. 求一阶线性微分方程 $xy' - y - \dfrac{x}{\ln x} = 0$ 的通解。

5. 求微分方程 $\begin{cases} xy'' = y'(y' - 1), \\ y(1) = 0, \ y'(1) = 1 \end{cases}$ 的特解。

6. 求下列微分方程的通解:

(1) $y'' + 4y' + 3y = 0$;(2) $4y'' - 4y' + y = 0$;(3) $4y'' + 4y' + 17y = 0$。

7. 求微分方程 $\begin{cases} y'' + 12y' + 36y = 0, \\ y(0) = 3, \ y'(0) = 0 \end{cases}$ 的特解。

8. 求下列微分方程的通解：

（1）$y'' - 2y' + 5y = e^x \sin 2x$；（2）$2y'' + 5y' = 5x^2 - 2x - 1$；（3）$y'' + 2y' + y = 4xe^{-x}$。

9. 求微分方程 $\begin{cases} y'' - y = 4xe^x, \\ y(0) = 0, \ y'(0) = 1 \end{cases}$ 的特解。

10. 已知：曲线过点 $\left(1, \dfrac{1}{3}\right)$，且在曲线上任何一点的切线斜率等于自原点到该切点连线的斜率的两倍，求曲线方程。

11. 一曲线过点 $(2, 3)$，在该曲线上任一点 $P(x, y)$ 处的法线与 x 轴交点为 Q，线段 PQ 恰被 y 轴平分，求此曲线的方程。

12. 设一容器内有 100L 盐水，其中含盐 50g，现以 3L/min 的速度向容器内注入浓度为 2g/L 的盐水，假定注入的盐水与原有盐水因搅拌而迅速成为均匀的混合液，且混合液又以 2L/min 的速度从容器中流出，求容器内的盐量与时间的函数关系式。

第7章　空间解析几何

本章首先介绍如何调用和制作动画培养学生空间想象力，加深对柱面、旋转曲面及向量运算理解的方法，其次讲解使用 Maple 自主学习向量运算和空间点、线、面运算的方法，最后介绍使用 Maple 进行向量运算和绘制空间图形的方法。

7.1　动画制作

7.1.1　向量运算

我们可通过"工具"菜单中的"Math Apps（数学应用程序）"→"Algebra and Geometry（代数与几何）"→"Vectors（向量）"，调用表 7-1 中所列的有关向量运算的动画，直观理解向量运算的几何意义。

表 7-1　向量运算一览表

项　　目	动画内容	项　　目	动画内容
Vector addition	向量加法	Dot Product（Projection）	数量积（投影）
Vector Subtraction	向量减法	Cross Product	数量积

我们也可用以下命令

$[>a: = <1,0,1>;b: = <2,1,1>;$

$[> with(Student: - Linearalgebra):with(plots):$

$[> animate(VectorSumPlot,[a,s*b,vectorcolors = [red,blue],show = 1],s = 0..1,$
frames = 100);

制作向量 $a = (1,0,1)$ 与 $s(2,1,1)$ 相加的动画。可以看到当数量 s 在 0 到 1 之间变化时，向量 $a + sb$ 的变化。

7.1.2　曲面图形

在 Maple 中输入

$[> with(plots):$

$[> animate(plot3d,[[s,(1.5 + sin(s))*cos(t),(1.5 + sin(s))*sin(t)],s = 0..1,t = 0..x],x = 0..2*pi,axes = normal,labels = [x,y,z]);$

运行上述命令可制作一动画。其中曲面表示母线为 $y = \sin x + 1.5$，旋转轴是 x 轴的旋转曲面。这一动画有助于直观理解旋转曲面的概念和它的空间特征。另外，在 Maple 中输入

$[> with(plots):$

[> animate(plot3d, [[s, sin(s), t], s = 0 .. x, t = 0 .. 2], x = 0 .. 2 * Pi, axes = normal, labels = [x, y, z]);

运行上述命令可制作一动画。其中绿色曲面表示准线为 $y = \sin x$，母线平行于 z 轴的柱面。这一动画帮助我们理解柱面的概念。

我们还可从"工具"菜单中选择"Math Apps 数学应用程序"→"Functions and Relations（函数与关系）"→"Quadratic Functions"→"General Quadratic Equation in 3-D"，通过变化参数可观看不同类型的二次曲面。

7.1.3 空间曲线图形

我们可从"工具"菜单中选择"向导"→"向量微积分"→"空间曲线（Space Curves）"，调用"空间曲线"对话框，观看空间曲线的动画，也可用命令：

[> Student[VectorCalculus][SpaceCurveTutor]();

直接调用该对话框。我们还可以自己制作螺旋线动画，命令如下：

[> with(plots):

[> animate(spacecurve, [[2 * cos(s), 2 * sin(s), 3 * s], s = 0 .. x], x = 0 .. 6 * Pi, axes = normal, labels = [x, y, z]);

7.1.4 空间点、线、面

我们可从"工具"菜单中选择"Math Apps 数学应用程序"→"Algebra and Geometry（代数与几何）"→"Points, Lines, and Planes（点、线和平面）"，在其中有表 7-2 所列动画。

表 7-2　空间点、线、面动画一览表

Distance Between a Point and a Line	点到直线距离
Parallel and Perpendicular Planes	平面位置关系
Parametric Equations Of a Line	直线的参数方程
Cartesian Equation of a Plane	平面一般方程
Equation of a Plane-3 Points	三点决定一平面

7.1.5 截痕面

观看平面截曲面的图像方法有两种，其一是可通过"工具"菜单选择"数学应用程序（Math Apps）"→"Algebra and Geometry（代数与几何）"→"Geometry（几何）"→"Conic Sections（圆锥曲面的截面）"；其二是通过"工具"菜单选择"向导"→"微积分-多变量"→"截痕面（Cross Section）"，调用"截痕面"对话框，观看曲面被平面所截的动画，也可通过以下命令调用该对话框。

[> Student[MultivariateCalculus][CrossSectionTutor]();

7.2　自主学习

我们可从"工具"菜单的"任务（Task）"选择"浏览"进入任务浏览界面，通过选择左面菜单中的选项，调用模板，进行空间解析几何的运算。

7.2.1 向量运算

在"Calculus-Vector（微积分-向量）"的"Vector algebra and Settings"文件夹中，关于向量运算有"Construct and Plot Rooted Vector（两点构造一个向量）"、"Cross Product of Two Vectors（向量积）"、"Dot Product of Two Vectors（数量积）""Magnitude of a Vector（向量模）"。

7.2.2 空间点、线、面的运算

在"Geometry（几何）"文件夹中有解距离、平面及直线方程问题的模板，可方便求解此类问题。（见图7-1）

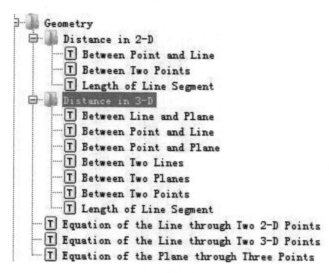

图7-1 几何任务模板

7.3 数学运算

7.3.1 向量的表示及运算

向量(a,b,c)在 Maple 中用 $<a,b,c>$ 表示。Maple 中有关向量的运算命令归纳如下表7-3 所示。

表7-3 向量运算命令一览表

向量运算	Maple 计算命令
向量 a,b 的加（减）	$a+b(a-b)$
向量 a 与数 k 的乘法	$k*a$
向量 a 与 b 的数量积	a.b 或 Linearalgebra:-DotProduct(a,b)

（续）

向量运算	Maple 计算命令
向量 a 与 b 的向量积 $a \times b$	Linearalgebra:-CrossProduct(a,b) 或 VectorCalculus[CrossProduct](a,b)
向量 a 的模	Linearalgebra[Norm](a,2)
向量 a 与 b 的夹角	Linearalgebra[Vectorangle](a,b)

例 7.1　已知 $a = (1,0,1)$，$b = (2,1,1)$，$h = 2$，求 $a + 3b$，hb，$a \cdot b$，$a \times b$。

解　在 Maple 中做如下运算：

`[ > restart;`

`[ > a: = <1,0,1>;b: = <2,1,1>;h: =2;`

$$a: = \begin{bmatrix} 1 \\ 0 \\ 1 \end{bmatrix}$$

$$b: = \begin{bmatrix} 2 \\ 1 \\ 1 \end{bmatrix}$$

$$h: = 2$$

`[ > a +3 * b;`

$$\begin{bmatrix} 7 \\ 3 \\ 4 \end{bmatrix}$$

`[ > h * b;`

$$\begin{bmatrix} 4 \\ 2 \\ 2 \end{bmatrix}$$

`[ > with[Linearalgebra];`

`[ > a. b;DotProduct(a,b);`

$$3$$
$$3$$

`[ > CrossProduct(a,b);`

`VectorCalculus[CrossProduct](a,b);`

$$\begin{bmatrix} -1 \\ 1 \\ 1 \end{bmatrix}$$

$$-e_x + e_y + e_z$$

解得：$a + 3b = (7,3,4)$，$hb = (4,2,2)$，$a \cdot b = 3$，$a \times b = (-1,1,1)$。

例 7.2　已知 $a = (1,2,1)$，$b = (1,3,2)$，求 a 的模、a 与 b 的夹角 α。

解　因为 $\cos\alpha = \dfrac{a \cdot b}{|a||b|}$，在 Maple 中做如下运算：

$[\,>\text{restart}:$

$[\,>\text{a}: = <1,2,1>;\text{b}: = <1,3,2>;$

$$a: = \begin{bmatrix} 1 \\ 2 \\ 1 \end{bmatrix}$$

$$b: = \begin{bmatrix} 1 \\ 3 \\ 2 \end{bmatrix}$$

$[\,>\text{LinearAlgebra}[\,\text{Norm}\,](\,\text{a},2\,);$

$$\sqrt{6}$$

$[\,>\text{LinearAlgebra}[\,\text{VectoRangle}\,](\,\text{a},\text{b}\,);$

$$\arccos\left(\frac{3}{28}\sqrt{6}\,\sqrt{14}\right)$$

$[\,>\text{evalf}[\,5\,](\,\%\,);$

$$0.19018$$

解得：a 的模为 $\sqrt{6}$，a 与 b 的夹角近似为 0.19018。

例 7.3　已知 $a = (2,0,h)$，$b = (h,1,1)$，且 a 垂直于 b，求 h。

解　由于 $a \perp b$，所以 $a \cdot b = 0$。在 Maple 中做如下运算：

$[\,>\text{restart}:$

$[\,>\text{a}: = <2,0,h>;\text{b}: = <h,1,1>;$

$$a: = \begin{bmatrix} 2 \\ 0 \\ h \end{bmatrix}$$

$$b: = \begin{bmatrix} h \\ 1 \\ 1 \end{bmatrix}$$

$[\,>\text{fsolve}(\,\text{a}. \text{b} = 0,\text{h}\,);$

$$0$$

解得：$h = 0$。

7.3.2　作空间图形

Maple 中绘制二元函数 $z = f(x,y)$ 图形的格式为：

$[\,>\text{plot3d}(\,f(\,\text{x},\text{y}\,),\text{x} = \text{a}..\text{b},\text{y} = \text{c}..\text{d},\text{opts}\,);$

运行以上命令可产生二元函数 $z = f(x,y)$ 的三维曲面的彩色图形。其中 opts 为可选参数项，如我们可使用功能命令 numpoints 调整曲面的精细度，其格式为：numpoints –> 数字，其中"数字"越大，函数作图时取的点越密，图形就越精细。但注意：越精细的图形，计算机完成的时间就越长。

例 7.4 画出函数 $z = \sin(\pi \sqrt{x^2 + y^2})$ 的图形。

解 在 Maple 中做如下运算：

$[\,>$ restart：

$[\,>$ plot3d$(\sin(Pi * sqrt(x^2 + y^2))), x = -1..1, y = -1..1, labels = [x,y,z])$；

输出结果如图 7-2 所示。

将下列命令得到的图形与上一图形作比较：

$[\,>$ plot3d$(\sin(Pi * sqrt(x^2 + y^2))), x = -1..1, y = -1..1, numpoints = 30)$；

输出结果如图 7-3 所示。

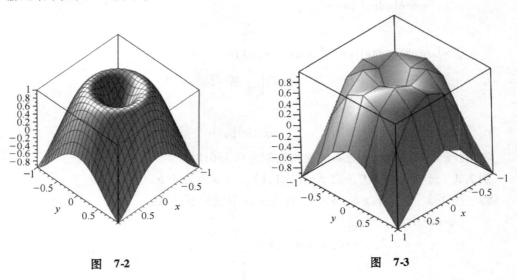

图　7-2　　　　　　　　　　　　　　　图　7-3

Maple 中绘制参数方程 $\begin{cases} x = x(t), \\ y = y(t), \\ z = z(t) \end{cases}$ 所确定函数图形的命令格式为：

$[\,>$ plot3d$([x(t),y(t),z(t)], s = a..b, t = c..d, opts)$；

其中 opts 为可选参数项。

例 7.5 绘制准线是 $y = x^2$，母线平行于 z 轴的柱面图形。

解 该柱面的参数方程为：$\begin{cases} x = s, \\ y = s^2, \\ z = t \end{cases}$ 在 Maple 中做如下运算：

$[\,>$ restart：

$[\,>$ plot3d$([s,s^2,t], s = -1..1, t = 0..3, labels = [x,y,z])$；

输出结果如图 7-4 所示。

另外，我们还可使用隐函数作图命令绘制此题的图形，其格式为：

$[\,>\text{plots}[\,\text{implicitplot3d}\,]\,(f(x,y,z)=0,x=a\,..\,b,y=c\,..\,d,z=i\,..\,j,\text{opts}\,)\,;$

其中 $f(x,y,z)=0$ 为隐函数满足的方程，opts 为可选参数项。对本题，我们可在 Maple 中做如下运算：

$[\,>\text{with}(\,\text{plots}\,):$

$[\,>\text{implicitplot3d}(\,y=x\text{\textasciicircum}2,x=-1\,..\,1,y=0\,..\,1,z=0\,..\,1\,)\,;$

输出结果如图 7-5 所示。

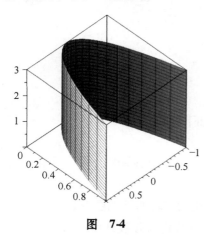

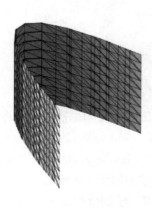

图 **7-4**   图 **7-5**

例 7.6 绘制准线是 $x^2+y^2=1$，母线平行于 z 轴的柱面图形。

解 柱面的参数方程为：$\begin{cases} x=s, \\ y=\sqrt{1-s^2}, \\ z=t \end{cases}$ 和 $\begin{cases} x=s, \\ y=-\sqrt{1-s^2}, \\ z=t\,. \end{cases}$

方法一 在 Maple 中做如下运算：

$[\,>\text{restart}:$

$[\,>a[\,1\,]:=\text{plot3d}(\,[\,s,\text{sqrt}(1-s\text{\textasciicircum}2),t\,],s=-1\,..\,1,t=0\,..\,3,\text{labels}=[\,x,y,z\,]\,)\,;$

$$a_1:=PLOT3D(\cdots)$$

$[\,>a[\,2\,]:=\text{plot3d}(\,[\,s,-\text{sqrt}(1-s\text{\textasciicircum}2),t\,],s=-1\,..\,1,t=0\,..\,3,\text{labels}=[\,x,y,z\,]\,)\,;$

$$a_2:=PLOT3D(\cdots)$$

$[\,>\text{plots}:-\text{display}(\,\{a[\,1\,],a[\,2\,]\}\,)\,;$

输出结果如图 7-6 所示。

方法二 将这一柱面化为参数方程：$\begin{cases} x=\cos s, \\ y=\sin s, \\ z=t\,. \end{cases}$ 在 Maple 中做如下运算：

$[\,>\text{restart}:$

$[\,>\text{plot3d}(\,[\,\cos(s),\sin(s),t\,],s=0\,..\,2*\text{Pi},t=0\,..\,3\,)\,;$

输出结果如图 7-7 所示。

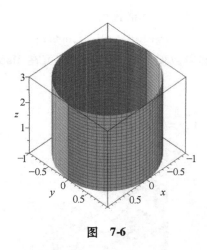

图　7-6　　　　　　　　　　　　　　　图　7-7

方法三　使用隐函数作图命令，在 Maple 中做如下运算：

$\lceil$ > with(plots) :

$\lceil$ > implicitplot3d(x^2 + y^2 = 1, x = -1..1, y = -1..1, z = 0..2) ;

输出结果如图 7-8 所示。

例 7.7　绘制母线是 $x = 1 + \sin z$，绕 z 轴旋转所成的旋转曲面的图形。

解　此旋转曲面的方程为 $x^2 + y^2 = (1 + \sin z)^2$，将其化为参数方程：

$$\begin{cases} x = (1 + \sin t)\cos s, \\ y = (1 + \sin t)\sin s, \\ z = t_{\circ} \end{cases} \quad \begin{array}{l} (-\pi \leqslant t \leqslant \pi) \\ (0 \leqslant s \leqslant 2\pi) \end{array}$$

在 Maple 中做如下运算：

$\lceil$ > restart：

$\lceil$ > plot3d([(1 + \sin(t)) * \cos(s), (1 + \sin(t)) * \sin(s), t], s = 0..2 * Pi, t = -Pi..Pi) ;

输出结果如图 7-9 所示。

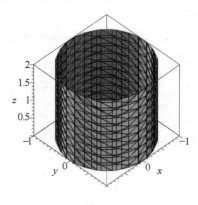

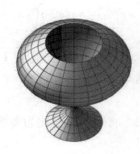

图　7-8　　　　　　　　　　　　　　　图　7-9

7.4 命令小结

命令小结如表 7-4 所示。

表 7-4

运　　算	Maple 命令
向量 a, b 的加(减)	a + b(a - b)
向量 a 与数 k 的乘法	k * a
向量 a 与 b 的数量积	a. b 或 Linearalgebra:-DotProduct(a,b)
向量 a 与 b 的向量积 $a \times b$	Linearalgebra: − CrossProduct(a, B) 或 VectorCalculus[CrossProduct] (a,b)
向量 a 的模	LinearAlgebra[Norm] (a,2)
向量 a 与 b 的夹角	LinearAlgebra[VectoRangle] (a,b)
绘制二元函数 $z = f(x,y)$ 图形	plot3d(f(x,y), x = a. b, y = c. d, opts),其中 opts 为可选参数项,如我们可使用功能命令 numpoints 调整曲面的精细度,其格式为:numpoints → 数字,其中"数字"越大,函数作图时取的点越密,图像就越精细
绘制参数方程 $\begin{cases} x = x(t), \\ y = y(t), \\ z = z(t) \end{cases}$ 所确定函数图形	plot3d([x(t), y(t), z(t)], s = a. b, t = c. d, opts),其中 opts 为可选参数项
同时绘制空间曲面 $a1$ 和 $a2$	先用 plot 命令将 $a1$ 和 $a2$ 定义为图形,再使用 plots:-display({ a1, a2})
绘制准线为 $y = f(x)(x1 \le x \le x2)$,母线平行于 z 轴的柱面图形	plot3d([t, f(t), s], t = x1. . x2, s = c. . d)
绘制母线是 $y = f(x)$,绕 x 轴旋转所成的旋转曲面的图形	plot3d([t, f(t) * cos(s), f(t) * sin(s)], t = t1. . t2, s = 0. . 2 * Pi)
绘制 $f(x,y,z) = 0$ 确定的隐函数图像	plots[implicitplot3d] (f(x,y,z) = 0, x = a. . b, y = c. . d, z = i. . j)

7.5 运算练习

1. 设 $a = (4, -2,4)$, $b = (6, -3,2)$,求 $a \cdot b$, $(3a - 2b) \cdot (a + 2b)$, $(\widehat{a,b})$, $a \times b$。

2. 设 $a = (2, -3,1)$, $b = (1, -1,3)$, $c = (1, -2,0)$,求 $(a \times b) \cdot c$。

3. 设 $a = (3,2,1)$, $b = (2,4/3,h)$,若 $a \perp b$,求 h 的值。

4. 求同时垂直于向量 $a = (1, -3, -1)$, $b = (2, -1,3)$ 的单位向量。

5. 求过点 $P(1, -1,1)$ 和 $Q(2,2,4)$ 且与平面 $x + y - z = 0$ 垂直的平面的方程。

6. 求过点 $(-1,2,1)$ 且和两平面 $x + y - 2z - 1 = 0$ 与 $x + 2y - z + 1 = 0$ 平行的直线方程。

7. 求过点 $(2, 1, 1)$ 且与直线 $\begin{cases} x + 2y - z + 1 = 0, \\ 2x + y - z = 0 \end{cases}$ 垂直的平面方程。

8. 求直线 $\dfrac{x+3}{3} = \dfrac{y+2}{-2} = \dfrac{z}{1}$ 与平面 $x + 2y + 2z - 6 = 0$ 的交点和夹角。

9. 求过两直线 $\dfrac{x+3}{3} = \dfrac{y+2}{-2} = \dfrac{z}{1}$ 和 $\dfrac{x+3}{3} = \dfrac{y+4}{-2} = \dfrac{z+1}{1}$ 的平面方程。

10. 求两球面 $x^2 + y^2 + z^2 = 1$ 和 $x^2 + (y-1)^2 + (z-1)^2 = 1$ 的交线在 xOy 平面上投影曲线的方程并画出投影柱面的图形。

11. 画出柱面 $x = 1 - y^2$ 的图形。

12. 画出旋转曲面 $z = \sqrt{x^2 + y^2}$ 的图形。

13. 画出球面 $x^2 + y^2 + z^2 = 1$ 的图形。

14. 画出两曲面 $z = x^2 + 2y^2$，$z = 6 - 2x^2 - y^2$ 的图形，并画出两曲面所围成的立体图形。

第8章　偏导数及其应用

本章首先介绍调用动画加深对方向导数和梯度概念理解的方法，其次讲解使用 Maple 自主学习求偏导数的方法，最后介绍使用 Maple 求多元函数的函数值、偏导数的方法，并讨论多元函数的极值问题。

8.1　动画制作

8.1.1　方向导数

我们可通过"工具"菜单的"向导"→"微积分－多变量"→"方向导数（Directional Derivative）"进入"方向导数"对话框，观看方向导数动画。也可使用下面命令调用该对话框，

　　　　［>Student［MultivariateCalculus］［DirectionalDerivativeTutor］（）；

8.1.2　梯度

选择"工具"菜单的"向导"→"微积分-多变量"→"梯度（Gradient）"会出现"梯度"对话框，也可使用下面命令调用该对话框，

　　　　［>Student［MultivariateCalculus］［GradientTutor］（）；

8.2　自主学习

8.2.1　用定义求偏导

我们可从"工具"菜单中选择"任务（Task）"→"浏览"→"Calculus-differential（微积分-微分）"→"Derivatives（导数）"→"Derivatives by Definition（用定义求导）"，进入用定义求导模板。

8.2.2　求偏导数

我们可从"工具"菜单中选择"向导"→"微积分－单变量"→"微分方法（Differentiation Methods）"，调用"微分方法"对话框，分步观看求偏导数过程。也可使用以下命令调用该对话框。

　　　　［>Student［Calculus1］［DiffTutor］（）；

8.2.3 求隐函数的导数

我们可从工具菜单中选择"任务（Task）"→"浏览"→"Calculus-differential（微积分-微分）"→"Derivatives（导数）"→"Implicit Differentiation（隐函数微分）"，进入用定义求隐函数导数模板。

8.3 数学运算

8.3.1 定义多元函数和求值

自定义多元函数的方法与自定义一元函数类似，有如下三种输入格式：

（1）f(x1,x2,…):=(x1,x2,…) -> 函数表达式；

（2）f: = unapply（函数表达式，变量）；

（3）也可以使用面板定义函数。将光标放在命令输入提示符上，展开 Maple 窗口左侧的"表达式"面板，点击如图 8-1 所示控件，会出现二元函数定义模板。

$$f:=(a,b)\rightarrow z$$

图 8-1　定义二元函数

例 8.1　定义 $g(x,y)=x^2+y^2$，并求 $g(2,3)$ 的值。

解　在 Maple 中做如下运算：

[> restart：

[> g: = (x,y) - > x^2 + y^2；

$$g:=(x,y)\rightarrow x^2+y^2$$

或

[> restart：

[> g: = unapply(x^2 + y^2,x,y)；

$$g:=(x,y)\rightarrow x^2+y^2$$

[> g(2,3)；

$$13$$

解得：$g(2,3)=13$。

例 8.2　设 $h(x,y)=\begin{cases}\dfrac{\sin(x^2+y^2)}{x^2+y^2}, & x^2+y^2\neq0, \\ 1, & x^2+y^2=0\end{cases}$　求 $h(2,3)$。

解　**方法一**　在 Maple 中做如下运算：

[> restart：

[> piecewise(x^2 + y^2 < >0,sin(x^2 + y^2)/(x^2 + y^2),x^2 + y^2 = 0,1)；

$$\begin{cases}\dfrac{\sin(x^2+y^2)}{x^2+y^2} & x^2+y^2\neq0 \\ 1 & x^2+y^2=0\end{cases}$$

[> h : = unapply(% ,x,y) ;

$$h : = (x,y) \rightarrow piecewise\left(x^2 + y^2 \neq 0, \frac{\sin (x^2 + y^2)}{x^2 + y^2}, x^2 + y^2 = 0, 1 \right)$$

[> h(2,3) ;

$$\frac{1}{13} \sin (13)$$

[> evalf[10](%) ;

$$0.03232054129$$

方法二 在 Maple 中做如下运算:

[> restart :

[> g : = piecewise(x^2 + y^2 < > 0,sin(x^2 + y^2)/(x^2 + y^2),x^2 + y^2 = 0,1) ;

eval(g,[x = 2,y = 3]) ;   表达式求值

$$g(x,y) = \begin{cases} \dfrac{\sin (x^2 + y^2)}{x^2 + y^2} & x^2 + y^2 \neq 0 \\ & x^2 + y^2 = 0 \\ 1 \end{cases}$$

$$\frac{1}{13} \sin (13)$$

解得: $h(2,3) = \dfrac{\sin (13)}{13} \approx 0.03232054129$。

8.3.2 求多元函数的偏导数及全微分

求 $f(x1,x2,\cdots xn)$ 对 xi 的 n 阶偏导函数 $\dfrac{\partial^n f}{\partial xi^n}$ 的命令格式为:

[> diff(f,xi \$ n) ;

求一阶偏导数 $\dfrac{\partial f}{\partial xi}$ 的命令格式可简写为:

[> diff(f,xi) ;

求混合导数 $\dfrac{\partial^j f}{\partial x1 \partial x2 \cdots \partial xj}$ 的命令格式为:

[> diff(f,x1,x2,\ldots,xj) ;

求混合导数 $\dfrac{\partial^m f}{\partial x_1^{n_1} \partial x_2^{n_2} \cdots \partial x_j^{n_j}}$ 的命令格式为:

[> diff(f,x1 \$ n1,x2 \$ n2,\cdots,xj \$ nj) ;

其中 $m = \sum\limits_{i=1}^{j} n_i$,$n_i(1 \leqslant i \leqslant j)$ 为非负整数。

例 8.3 求函数 $z = \cos \sqrt{x^2 + y^2}$ 的偏导数 $\dfrac{\partial z}{\partial x}$,$\dfrac{\partial z}{\partial y}$,$\dfrac{\partial^2 z}{\partial x \partial y}$,全微分 dz 及 $dz|_{x=1,y=2}$ 的值。

解 在 Maple 中做如下运算:

```
[ > restart：
[ > z：= cos( sqrt( x^2 + y^2) )；          自定义函数
```

$$z：= \cos \sqrt{x^2 + y^2}$$

```
[ > diff( z,x)；                     求函数 z 对 x 的偏导数
```

$$-\frac{\sin(\sqrt{x^2 + y^2})x}{\sqrt{x^2 + y^2}}$$

```
[ > diff( z,y)；                     求函数 z 对 y 的偏导数
```

$$-\frac{\sin(\sqrt{x^2 + y^2})y}{\sqrt{x^2 + y^2}}$$

```
[ > diff( z,x,y)；                   求函数 z 对 x,y 的混合偏导数
```

$$-\frac{\cos(\sqrt{x^2 + y^2})yx}{x^2 + y^2} + \frac{\sin(\sqrt{x^2 + y^2})xy}{(x^2 + y^2)^{3/2}}$$

```
[ > eval( diff( z,x) * dx + diff( z,y) * dy,[ x = 1.0,y = 2])；
```
$$求函数在 x = 1,y = 2 处的全微分$$
$$-0.3518449081dx - 0.7036898162dy$$

解得：$\dfrac{\partial z}{\partial x} = -\dfrac{x\sin\sqrt{x^2 + y^2}}{\sqrt{x^2 + y^2}}$；$\dfrac{\partial z}{\partial y} = -\dfrac{y\sin\sqrt{x^2 + y^2}}{\sqrt{x^2 + y^2}}$；$\dfrac{\partial^2 z}{\partial x\partial y} = -\dfrac{xy\cos\sqrt{x^2 + y^2}}{x^2 + y^2} + \dfrac{xy\sin\sqrt{x^2 + y^2}}{(x^2 + y^2)^{\frac{3}{2}}}$；

$dz = -\dfrac{x\sin\sqrt{x^2 + y^2}}{\sqrt{x^2 + y^2}}dx - \dfrac{y\sin\sqrt{x^2 + y^2}}{\sqrt{x^2 + y^2}}dy$，$dz|_{x=1,y=2} = -0.351845dx - 0.70369dy$。

8.3.3　求多元隐函数的导数

求由等式 f 确定的隐函数 $z = z(x,y)$ 的偏导数 $\dfrac{\partial z}{\partial x}$ 可使用以下命令：

```
[ > implicitdiff( f,z,x)；
```

求 $\dfrac{\partial^2 z}{\partial x\partial y}$ 可使用以下命令：

```
[ > implicitdiff( f,z,x,y)；
```

例 8.4　求由方程 $x^2 + 4y^2 + 6z^2 = 1$ 所确定的隐函数 $z = z(x,y)$ 的偏导数 $\dfrac{\partial z}{\partial x}$ 和 $\dfrac{\partial^2 z}{\partial x\partial y}$。

解　在 Maple 中做以下运算：

```
[ > restart：
[ > implicitdiff( x^2 + 4 * y^2 + 6 * z^2 = 1,z,x)；
```

$$-\frac{1}{6}\frac{x}{z}$$

```
[ > implicitdiff( x^2 + 4 * y^2 + 6 * z^2 = 1,z,x,y)；
```

$$-\frac{1}{9}\frac{xy}{z^3}$$

解得：$\dfrac{\partial z}{\partial x}=\dfrac{-x}{6z}$；$\dfrac{\partial^2 z}{\partial x \partial y}=-\dfrac{xy}{9z^3}$。

8.3.4　求多元函数的极值和最值

讨论多元函数的极值和最值问题，方法有两种，一种解题思路与笔算一样，可使用 Maple 的求导命令 diff 和方程组求解命令 solve、fsolve 求解；另一种方法是使用 Optimization：－ Minimize 和 LagrangeMultipliers 命令直接求得结论。

例 8.5　求函数 $f(x,y)=x^2+y^2$ 的极值。

解　在 Maple 中做以下运算：

[> restart：

[> plot3d(x^2 + y^2,x = -3..3,y = -3..3)；

输出结果如图 8-2 所示。

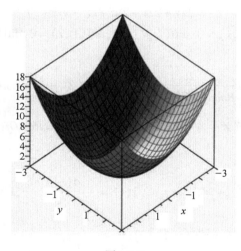

图　8-2

方法一　在 Maple 中做如下运算：

[> Optimization：－ Minimize(x^2 + y^2)；

$$[0.,[x=0.,y=0.]]$$

方法二　在 Maple 中做如下运算：

[> restart：

[> f：= x^2 + y^2；　　　　　　　　　　　定义目标函数

$$f：= x^2 + y^2$$

[> fsolve({ diff(f,x) = 0,diff(f,y) = 0}, {x,y})；　　解方程组，求二元函数的驻点

$$\{x = 0.,y = 0.\}$$

[> eval(((diff(f, x, y))^2 – (diff(f, x $2)) * (diff(f, y $2)), [x = 0, y = 0]);

判断驻点的类型

$$-4$$

[> eval(diff(f, x $2), [x = 0, y = 0]);　　　　　　判断驻点的类型

$$2$$

所以函数在 (0, 0) 取到极小值。

下例是讨论条件极值问题。

例 8.6　要造一个容量一定的有盖长方体箱子，问选择怎样的尺寸才能使所用的材料最省？

解　假设箱子的长、宽、高分别为 x, y, z, 容量为 V, 则 $V = xyz$, 设箱子的表面积为 S, 则有 $S = 2(xy + xz + yz)$, 即本题是要求目标函数 $S = 2(xy + xz + yz)$ 在约束条件 $V - xyz = 0$ 下的最小值。

方法一　在 Maple 中做如下运算：

[> restart：

[> L：= 2 * (x * y + y * z + z * x) + r * (v – x * y * z)；　　　　输入拉格朗日函数

$$L := 2xy + 2zx + 2yz + r(-xyz + v)$$

[> solve({ diff(L, x) = 0, diff(L, y) = 0, diff(L, z) = 0, diff(L, r) = 0 }, { x, y, z, r })；

求驻点

$$\left\{ r = -\frac{1}{v}\left(\left(-\frac{2v}{RootOf(Z^3 - v)^2} - 2RootOf(Z^3 - v) \right)RootOf(Z^3 - v) \right), \right.$$

$$\left. x = RootOf(Z^3 - v), y = \frac{v}{RootOf(Z^3 - v)^2}, z = RootOf(Z^3 - v) \right\}$$

[> allvalues(%)；

$$\left\{ r = \frac{4}{v^{1/3}}, x = v^{1/3}, y = v^{1/3}, z = v^{1/3} \right\}, \left\{ r = -\frac{4(-1)^{1/3}}{v^{1/3}}, x = v^{1/3}(-1)^{2/3}, \right.$$

$$y = v^{1/3}(-1)^{2/3}, z = v^{1/3}(-1)^{2/3} \right\}, \left\{ r = \frac{4(-1)^{2/3}}{v^{1/3}}, x = -v^{1/3}(-1)^{1/3}, \right.$$

$$y = -v^{1/3}(-1)^{1/3}, z = -v^{1/3}(-1)^{1/3} \right\}$$

方法二　在 Maple 中做如下运算：

[> restart：

[> with(Student[MultivariateCalculus])；

略

[> LagrangeMultipliers(2 * (x * y + y * z + z * x), [v – x * y * z], [x, y, z], output = value)；

$$\left[v^{1/3}, v^{1/3}, v^{1/3} \right], \left[-\frac{1}{2}v^{1/3} + \frac{1}{2}I\sqrt{3}v^{1/3}, \frac{v}{\left(-\frac{1}{2}v^{1/3} + \frac{1}{2}I\sqrt{3}v^{1/3} \right)^2}, -\frac{1}{2}v^{1/3} + \frac{1}{2}I\sqrt{3}v^{1/3} \right],$$

$$\left[-\frac{1}{2}v^{1/3}-\frac{1}{2}\mathrm{I}\sqrt{3}v^{1/3}, \frac{v}{\left(-\dfrac{1}{2}v^{1/3}-\dfrac{1}{2}\mathrm{I}\sqrt{3}v^{1/3}\right)^2}, -\frac{1}{2}v^{1/3}-\frac{1}{2}\mathrm{I}\sqrt{3}v^{1/3}\right]$$

由于驻点唯一，由问题的实际意义可知解必存在，所以当 $x=y=z=\sqrt[3]{V}$ 时用料最省。

8.4 命令小结

命令小结如表 8-1 所示。

表 8-1

定义多元函数	(1) f(x1,x2,…):=(x1,x2,…)->函数表达式; (2) f:=unapply(函数表达式,变量)。 (3) 使用面板定义
求函数值	(1) evalf[n](f(a,b)); (2) eval(f,[x=a,y=b])
求 $\dfrac{\partial^n f}{\partial x_i^n}$	diff(f,xi $ n)
求 $\dfrac{\partial f}{\partial x_i}$	diff(f,xi)
求 $\dfrac{\partial^j f}{\partial x_1 \partial x_2 \cdots \partial x_j}$	diff(f,x1,…,xj)
求 $\dfrac{\partial^m f}{\partial x_1^{n_1} \partial x_2^{n_2} \cdots \partial x_j^{n_j}}$，其中 $m=\sum\limits_{i=1}^{j}n_i$，$n_i(1\leqslant i\leqslant j)$ 为非负整数	diff(f,x1 $ n1,x2 $ n2,…,xj $ nj)
求由等式 f 确定隐函数 $z=z(x,y)$ 的偏导数 $\dfrac{\partial z}{\partial x}$	implicitdiff(f,z,x)
求由等式 f 确定隐函数 $z=z(x,y)$ 的二阶偏导数 $\dfrac{\partial^2 z}{\partial x \partial y}$	implicitdiff(f,z,x,y)
求多元函数的极值(无条件极值)	(1) Optimization:-Minimize(目标函数); (2) 用 diff、solve、fsolve 和 eval 命令
拉格朗日函数方法	(1) with(Student[MultivariateCalculus])和 LagrangeMultipliers(目标函数,[条件],[变量],output=value); (2)用 diff、solve、fsolve 和 eval 命令

8.5 运算练习

1. 选取适当范围（如 $-1\leqslant x\leqslant 1$，$-1\leqslant y\leqslant 1$）画出函数

$$f(x,y)=\begin{cases}\dfrac{xy}{x^2+y^2}, & (x,y)\neq(0,0), \\ 0, & (x,y)=(0,0)\end{cases}$$

的图形，判断二元函数在 $(0,0)$ 处的连续性。

2. 设函数 $f(x,y) = \dfrac{2xy}{x^2+y^2}$，求 $f(2,1)$，$f\left(1,\dfrac{y}{x}\right)$。

3. 求下列函数的一阶、二阶偏导数（包括二阶混合偏导）：

（1）$z = \mathrm{e}^{x+y}\cos(x-y)$；（2）$u = \sin(x^2+y^2+z^2)$。

4. 求下列函数的一阶偏导数或全导数：

（1）$z = \ln(u^3+v^3)$，$u = \mathrm{e}^{x^2+y}$，$v = \mathrm{e}^{x+y^2}$，求 $\dfrac{\partial z}{\partial x}$，$\dfrac{\partial z}{\partial y}$；

（2）$z = x^2 - y^2 - t^2$，$x = \ln t$，$y = \mathrm{e}^t$，求 $\dfrac{\mathrm{d}z}{\mathrm{d}t}$。

5. 设 $z = z(x,y)$ 是由方程 $2xz + \ln(xyz) = 2xyz$ 确定的隐函数，求 $\dfrac{\partial z}{\partial x}$。

6. 求下列函数的全微分：

（1）$z = \ln(x^2+y^2)$；（2）$z = \mathrm{e}^{\frac{y}{x}}$。

7. 求 $z = \dfrac{y}{x}$ 的全微分及当 $x=2$，$y=1$，$\Delta x = 0.01$，$\Delta y = 0.2$ 时的全微分。

8. 求函数 $z = x^3 - 4x^2 + 2xy - y^2$ 的极值。

9. 用钢板制作一个容积 V 为一定的无盖长方形容器，问如何选取长、宽、高，才能使用料最省。

第 9 章 重积分及其应用

本章首先介绍调用动画加深对二重积分概念理解的方法，其次讲解使用 Maple 自主学习计算重积分、曲线积分和曲面积分的方法，最后介绍使用 Maple 命令计算二重积分、三重积分、曲线积分、曲面积分的方法，并讨论相关应用。

9.1 动画制作

我们可在工具菜单中选择"向导"→"微积分 – 多变量（Calculus）"→"近似积分（Approximate Integration）"，进入"近似积分"对话框，也可使用下面的命令调用该对话框，观看计算曲顶柱体体积的动画。

$\lceil > \mathrm{Student}\lceil \mathrm{MultivariateCalculus}\rceil \lceil \mathrm{ApproximateIntTutor}\rceil ()$；

9.2 自主学习

首先，我们可使用"Student（学生）"包，分步显示计算二重积分的过程。如要计算 $\int_a^b \mathrm{d}x \int_{c(x)}^{d(x)} f(x,y)\mathrm{d}y$，可用 Maple 做如下运算：

$\lceil > \mathrm{with}(\mathrm{Student}\lceil \mathrm{MultivariateCalculus}\rceil)$：

$\lceil > \mathrm{MultiInt}(\mathrm{f}(x,y),y=c(x)..d(x),x=a..b,\mathrm{output}=\mathrm{steps})$；

其次，我们可在"工具"菜单中选择"任务（Task）"→"浏览"→"Calculus-Multivariate（微积分-多变量）"→"Integration（积分）"，其中的"Multiple Integration（重积分）"和"Visualizing Regions of Integration（可视化积分区域）"两个文件夹包含求重积分的模板，使用这些模板可方便地计算二重积分和三重积分。我们也可调用"Surface Area（曲面面积）"模板来求曲面面积。

有关曲线积分、曲面积分的运算，我们可以在"工具"菜单中选择"任务（Task）"→"浏览"→"Calculus-Vector（微积分-向量）"→"Integration（积分）"，该文件夹中包含了各类计算曲线积分、曲面积分的模板，使用这些模板可方便地计算一些特殊曲线、曲面的积分。

9.3 数学运算

9.3.1 计算二次积分

求 $\int_a^b \mathrm{d}x \int_{c(x)}^{d(x)} f(x,y)\mathrm{d}y$ 的 Maple 命令格式：

[> int(int(f, y = c(x).. d(x)), x = a.. b) ;

求 $\int_c^d dy \int_{a(y)}^{b(y)} f(x,y) dx$ 的 Maple 命令格式：

[> int(f, [x = a(y).. b(y), y = c.. d]) ;

注意：int(f, [x = a.. b, y = c.. d]) 等同于 int(int(f, x = a.. b), y = c.. d)。

例 9.1 计算二次积分 $\int_0^1 dx \int_{x^2}^x xy^2 dy$。

解 在 Maple 中输入：

[> restart：

[> int(x * y^2, y = x^2.. x) ;

$$\frac{1}{3} x (- x^6 + x^3)$$

[> int(% , x = 0.. 1) ;

$$\frac{1}{40}$$

或

[> int(x * y^2, [y = x^2.. x, x = 0.. 1]) ;

$$\frac{1}{40}$$

[> int(int(x * y^2, y = x^2.. x), x = 0.. 1) ;

$$\frac{1}{40}$$

解得：$\int_0^1 dx \int_{x^2}^x xy^2 dy = 1/40$。

9.3.2 二重积分及其几何应用

在计算二重积分时，先用 plot 命令画出积分区域 D 的图形，再用 solve 命令求出曲线的交点，这样便于确定积分的上、下限，最后使用 int 命令进行计算。

例 9.2 计算二重积分 $\iint\limits_{|x|+|y|\leqslant 1} (x^2 + y^2) dxdy$。

分析： 此积分的积分区域 $|x| + |y| \leqslant 1$ 由四条直线围成：$y = -1 - x$，$y = 1 + x$，$y = -1 + x$，$y = 1 - x$。可以先在一张图上同时画出四条直线，以便观察积分区域，来确定二次积分的上、下限。

解 在 Maple 中做以下运算：

[> restart：

[> solve({ - 1 - x = y, 1 + x = y }, { x, y }) ;   求两条直线的交点

$$\{ x = -1, y = 0 \}$$

[> solve({ - 1 - x = y, - 1 + x = y }, { x, y }) ;   求两条直线的交点

$$\{ x = 0, y = -1 \}$$

$[\,> \mathrm{solve}(\{1-\mathrm{x}=\mathrm{y}, -1+\mathrm{x}=\mathrm{y}\}, \{\mathrm{x,y}\})$；　　　　　　　求两条直线的交点

$$\{x=1, y=0\}$$

$[\,> \mathrm{solve}(\{1-\mathrm{x}=\mathrm{y}, 1+\mathrm{x}=\mathrm{y}\}, \{\mathrm{x,y}\})$；　　　　　　　求两条直线的交点

$$\{x=0, y=1\}$$

$[\,> \mathrm{y}1:=-1-\mathrm{x}; \mathrm{y}2:=1+\mathrm{x}; \mathrm{y}3:=-1+\mathrm{x}; \mathrm{y}4:=1-\mathrm{x};$

$$y1:=-1-x$$
$$y2:=1+x$$
$$y3:=-1+x$$
$$y4:=1-x$$

$[\,> \mathrm{plot}(\{\mathrm{y}1,\mathrm{y}2,\mathrm{y}3,\mathrm{y}4\}, \mathrm{x}=-1..1)$；　　　　　　　画积分区域

输出结果如图 9-1 所示。

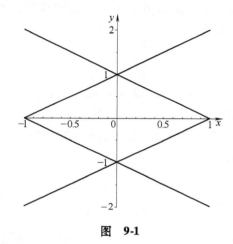

图　**9-1**

图中相交部分的区域即为积分区域 D。为了计算 $\displaystyle\iint\limits_{|x|+|y|\leqslant1}(x^2+y^2)\,\mathrm{d}x\mathrm{d}y$，将 D 分成两个 x 型区域，将积分化成两个累次积分，在 Maple 中做以下运算：

$[\,> \mathrm{int}(\mathrm{int}(\mathrm{x}\hat{}2+\mathrm{y}\hat{}2,\mathrm{y}=\mathrm{y}1..\mathrm{y}2),\mathrm{x}=-1..0)+\mathrm{int}(\mathrm{int}(\mathrm{x}\hat{}2+\mathrm{y}\hat{}2,\mathrm{y}=\mathrm{y}3..\mathrm{y}4),\mathrm{x}=0..1)$；

$$\frac{2}{3}$$

或者

$[\,> \mathrm{with}(\mathrm{Student}[\mathrm{MultivariateCalculus}])$：

$[\,> \mathrm{MultiInt}(\mathrm{x}\hat{}2+\mathrm{y}\hat{}2,\mathrm{y}=\mathrm{y}1..\mathrm{y}2,\mathrm{x}=-1..0)+\mathrm{MultiInt}(\mathrm{x}\hat{}2+\mathrm{y}\hat{}2,\mathrm{y}=\mathrm{y}3..\mathrm{y}4,\mathrm{x}=0..1)$；

$$\frac{2}{3}$$

也可使用 output = steps 分步显示运算过程。在 Maple 中做以下运算：

$[\,> \mathrm{MultiInt}(\mathrm{x}\hat{}2+\mathrm{y}\hat{}2,\mathrm{y}=\mathrm{y}1..\mathrm{y}2,\mathrm{x}=-1..0,\mathrm{output}=\mathrm{steps})$；

$$\int_{-1}^{0}\int_{-1-x}^{1+x}(x^2+y^2)\,\mathrm{d}y\mathrm{d}x$$

$$=\int_{-1}^{0}\left(\left.\left(x^2y+\frac{1}{3}y^3\right)\right|_{y=-1-x..1+x}\right)\mathrm{d}x$$

$$=\int_{-1}^{0}\left(x^2(2+2x)+\frac{(1+x)^3}{3}-\frac{(-1-x)^3}{3}\right)\mathrm{d}x$$

$$=\left.\left(\frac{x^4}{2}+\frac{2x^3}{3}+\frac{(1+x)^4}{12}+\frac{(-1-x)^4}{12}\right)\right|_{x=-1..0}$$

$$=\frac{1}{3}$$

解得：$\displaystyle\iint_{|x|+|y|\leqslant 1}(x^2+y^2)\,\mathrm{d}x\mathrm{d}y=\frac{2}{3}$。

例 9.3　求由曲面 $z=x^2+2y^2$ 和 $z=6-2x^2-y^2$ 所围成的立体的体积。

解　在 Maple 中做以下运算：

[> restart：

[> with(plots)：

[> plot3d(x^2+2*y^2,x=-2..2,y=-2..2)；

输出结果如图 9-2 所示。

[> plot3d(6-2*x^2-y^2,x=-2..2,y=-2..2)；

输出结果如图 9-3 所示。

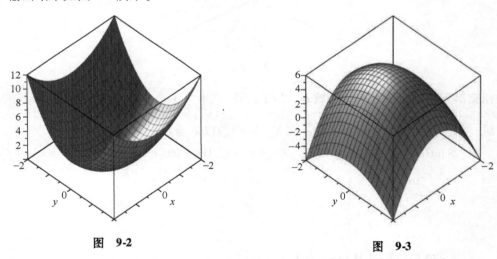

图　9-2　　　　　　　　　　　　图　9-3

[> P1：= plot3d(x^2+2*y^2,x=-2..2,y=-2..2)：

[> P2：= plot3d(6-2*x^2-y^2,x=-2..2,y=-2..2)：

[> display([P1,P2])；

输出结果如图 9-4 所示。

所以所求体积 $V=\displaystyle\iint_{D}[6-2x^2-y^2-(x^2+2y^2)]\mathrm{d}\sigma$，其中积分区域为 $D=\{(x,y)$

$\left| x^2 + y^2 \leqslant 2 \right\}$。使用极坐标计算该二重积分，则 $V = \int_0^{2\pi} d\theta \int_0^{\sqrt{2}} (6r - 3r^3) \, dr$，在 Maple 中做如下运算：

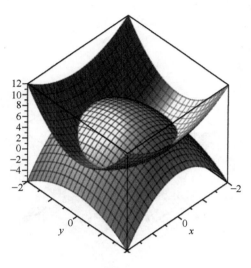

图　9-4

[> int(6 * r - 3 * r^3, [r = 0 .. sqrt(2) , theta = 0 .. 2 * Pi]) ;

$$6\pi$$

[> int(6 * r - 3 * r^3, [r = 0 .. sqrt(2) , theta = 0 .. 2 * Pi] , numeric) ;

$$18.\,84955592$$

解得：$V = 6\pi \approx 18.\,84955592$。

9.3.3　三重积分及其几何应用

计算三重积分的方法与计算二重积分的方法基本一致。使用 Maple 中的 eliminate 求出曲面交线在坐标平面上的投影曲线，用绘图命令画出积分区域的图形，然后将三重积分化为累次积分，计算出累次积分的数值。Maple 中计算三重累次积分 $\int_a^b dx \int_{c(x)}^{d(x)} dy \int_{e(x,y)}^{h(x,y)} f(x,y,z) \, dz$ 的格式为：

　　　[> int(f(x,y,z) , [z = e(x,y) .. h(x,y) , y = c(x) .. d(x) , x = a .. b]) ;

或

　　　[> int(int(int(f(x,y,z) , z = e(x,y) .. h(x,y)) , y = c(x) .. d(x)) , x = a .. b) ;

下面，我们举两个几何应用。

例9.4　求由曲面 $z = x^2 + y^2$ 和 $z = 2 - x^2 - y^2$ 所围成的立体的体积。

解　所求体积 $V = \iiint\limits_{\Omega} dV$，在 Maple 中做以下运算：

　　　[> restart :

　　　[> eliminate({ z = x^2 + y^2 , z = 2 - x^2 - y^2 } , z) ;

$$\left[\{ z = x^2 + y^2 \} , \{ 2x^2 + 2y^2 - 2 \} \right]$$

求得两曲面的交线在 xOy 平面上的投影曲线 $x^2 + y^2 = 1$。画两曲面的图形，在 Maple 中做以下运算：

$$[> \text{plots}[\text{display}](\text{plot3d}(x^2 + y^2, x = -2..2, y = -2..2),$$
$$\text{plot3d}(2 - x^2 - y^2, x = -2..2, y = -2..2));$$

输出结果如图 9-5 所示。

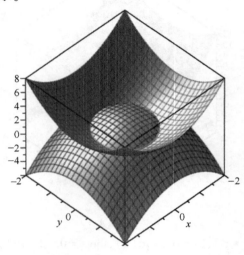

图 9-5

使用柱面坐标系计算这个三重积分 $V = \int_0^{2\pi} d\theta \int_0^1 dr \int_{r^2}^{2-r^2} dz$，在 Maple 中做以下运算计算三重积分。

$$[> \text{int}(1, [z = r^2..2 - r^2, r = 0..1, \text{theta} = 0..2 * \text{Pi}]);$$

$$\frac{8}{3}\pi$$

$$[> \text{int}(1, [z = r^2..2 - r^2, r = 0..1, \text{theta} = 0..2 * \text{Pi}], \text{numeric});$$

$$8.377580407$$

解得：所求体积为 $\frac{8}{3}\pi \approx 8.377580407$。

例 9.5 求球面 $x^2 + y^2 + z^2 = 4$ 含在圆柱面 $x^2 + y^2 = 2x$ 内的那部分曲面面积。

解 在 Maple 中做以下运算：

$$[> \text{restart};$$
$$[> \text{solve}(x^2 + y^2 + z^2 = 4, \{z\});$$

$$\{z = \sqrt{-x^2 - y^2 + 4}\}, \{z = -\sqrt{-x^2 - y^2 + 4}\}$$

$$[> f := \text{op}((\%)[1]);$$

$$f := z = \sqrt{-x^2 - y^2 + 4}$$

$$[> f2 := \text{sqrt}(1 + \text{implicitdiff}(f, z, x)^2 + \text{implicitdiff}(f, z, y)^2);$$

$$f2 := \sqrt{1 + \frac{x^2}{-x^2 - y^2 + 4} + \frac{y^2}{-x^2 - y^2 + 4}}$$

```
[ > f3: = eval( f2, [ x = r * cos( t ) , y = r * sin( t ) ] ) ;
```

$$f3 := \sqrt{1 + \frac{r^2\cos(t)^2}{-r^2\cos(t)^2 - r^2\sin(t)^2 + 4} + \frac{r^2\sin(t)^2}{-r^2\cos(t)^2 - r^2\sin(t)^2 + 4}}$$

```
[ > int( 4 * f3 * r, [ r = 0 . . 2 * cos( t ) , t = 0 . . Pi/2 ] ) ;
```

$$-16 + 8\pi$$

因此，所求曲面的面积为 $-16 + 8\pi$。

9.3.4　计算曲线积分

设 L 为曲线 $x = x(t)$，$y = y(t)$ 从点 $t = t0$ 到 $t = t1$ 的一段弧，求弧长的曲线积分 $\int_L P(x,y)\mathrm{d}s$ 的命令为：

```
[ > with( Student[ VectorCalculus ] ) :
[ > PathInt( P(x,y) , [ x,y ] = Path( < x(t) ,y(t) > ,t = t0 . . t1 ) ) ;
```

例 9.6　计算曲线积分 $\int_L x\mathrm{d}s$，其中 L 为抛物线 $y = x^2$ 上从点（0，0）到点（1，1）的一段弧。

解　在 Maple 中做以下运算：

```
[ > restart :
[ > with( Student[ VectorCalculus ] ) :
[ > PathInt( x, [ x,y ] = Path( < t,t^2 > ,t = 0 . . 1 ) ,'output ' = 'integral ') ;
```

$$\int_0^1 t\sqrt{4t^2 + 1}\mathrm{d}t$$

```
[ >  PathInt( x, [ x,y ] = Path( < t,t^2 > ,t = 0 . . 1 ) ) ;
```

$$\frac{5}{12}\sqrt{5} - \frac{1}{12}$$

解得：$\int_L x\mathrm{d}s = \int_0^1 t\sqrt{4t^2 + 1}\mathrm{d}t = \frac{5}{12}\sqrt{5} - \frac{1}{12}$。

设 L 为 $x = x(t)$，$y = y(t)$ 从点 $t = t0$ 到 $t = t1$ 的一段弧，求曲线积分 $\int_L P(x,y)\mathrm{d}x + Q(x,y)\mathrm{d}y$ 的命令为：

```
[ > with( Student[ VectorCalculus ] ) :
[ > LineInt( VectorField( < P(x,y) ,Q(x,y) > ) ,Path( < x(t) ,y(t) > ,t = t0 . . t1 ) ) ;
```

例 9.7　计算曲线积分 $\int_L (x^2 - 2xy)\mathrm{d}x + (y^2 - 2xy)\mathrm{d}y$，其中 L 为抛物线 $y = x^2$ 上从点（0，0）到点（1，1）的一段弧。

解　在 Maple 中做以下运算：

```
[ > restart :
[ > with( Student[ VectorCalculus ] ) :
[ > LineInt( VectorField( < x^2 - 2 * x * y,y^2 - 2 * x * y > ) ,Path( < t,t^2 > ,t =
```

$0..1))$;

$$-\frac{19}{30}$$

解得：$\int_L (x^2 - 2xy)\,dx + (y^2 - 2xy)\,dy = -19/30$ 。

求曲线积分的另一种方法是将其化成定积分，再使用 int 命令求解。

9.3.5　计算曲面积分

求曲面积分的一般方法是将其化成二重积分，再使用 int 命令求解。

例9.8　计算 $\iint\limits_{\Sigma} x^2\,dydz + y^2\,dzdx + z\,dxdy$ ，其中 Σ 是旋转抛物面 $z = 1 - x^2 - y^2$ $(z \geqslant 0)$ 的上侧。

解　在 Maple 中做以下运算：

[> restart :

[> plot3d([s * cos(t), s * sin(t), 1 − s^2], t = 0..2 * Pi, s = 0..1) ;

输出结果如图 9-6 所示。

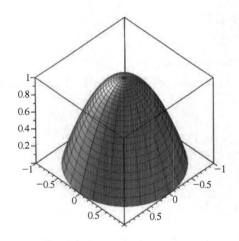

图　9-6

添加一个底圆面 Σ'：$x^2 + y^2 \leqslant 1$，$z = 0$，与 Σ 构成封闭曲面，围成封闭区域 Ω。应用高斯公式求解，原积分 $= \iint\limits_{\Sigma + \Sigma'} - \iint\limits_{\Sigma'} = \iiint\limits_{\Omega} - \iint\limits_{\Sigma'}$ ，

其中：$\iiint\limits_{\Omega}\left(\dfrac{\partial P}{\partial x} + \dfrac{\partial Q}{\partial y} + \dfrac{\partial R}{\partial z}\right)dxdydz = \iiint\limits_{\Omega}(2x + 2y + 1)\,dxdydz$ ，

$$\iint\limits_{\Sigma'} x^2\,dydz + y^2\,dzdx + z\,dxdy = 0 ,$$

化三重积分为三次积分

$$\iiint\limits_{\Omega}(2x + 2y + 1)\,dxdydz = \int_0^{2\pi}d\theta \int_0^1 r\,dr \int_0^{1-r^2}(2r\cos\theta + 2r\sin\theta + 1)\,dz$$

在 Maple 中做以下运算：

$[> \mathrm{int}(\mathrm{int}(\mathrm{int}((2*r*\cos(\mathrm{theta})+2*r*\sin(\mathrm{theta})+1)*r, z=0..1-r^2), r=0..1), \mathrm{theta}=0..2*\mathrm{Pi});$

$$\frac{\pi}{2}$$

解得：$\iint\limits_{\Sigma} x^2 \mathrm{d}y\mathrm{d}z + y^2 \mathrm{d}z\mathrm{d}x + z\mathrm{d}x\mathrm{d}y = \dfrac{\pi}{2}$。

对一些特殊曲面，我们可调用"VectorCalculus（向量积分）"包中的"SurfaceInt"和"Flux"命令方便地求曲面积分。

9.4 命令小结

命令小结如表9-1所示。

表 9-1

计算二重积分	求 $\displaystyle\int_a^b \mathrm{d}x \int_{c(x)}^{d(x)} f(x,y)\mathrm{d}y$ 命令格式：int(int(f,y=c(x)..d(x)),x=a..b) 求 $\displaystyle\int_c^d \mathrm{d}y \int_{a(y)}^{b(y)} f(x,y)\mathrm{d}x$ 命令格式：int(f,[y=a(y)..b(y),x=c..d]) 注意：int(f,[x=a..b,y=c..d])等同于 int(int(f,x=a..b),y=c..d)
三重累次积分	计算三重累次积分 $\displaystyle\int_a^b \mathrm{d}x \int_{c(x)}^{d(x)} \mathrm{d}y \int_{e(x,y)}^{h(x,y)} f(x,y,z)\mathrm{d}z$ 的格式为： int(f(x,y,z),[z=e(x,y)..h(x,y),y=c(x)..d(x),x=a..b]) 或 int(int(int(f(x,y,z),z=e(x,y)..h(x,y)),y=c(x)..d(x)),x=a..b)
弧长的曲线积分	设 L 为曲线 $x=x(t),y=y(t)$ 从点 $t=t0$ 到 $t=t1$ 的一段弧，求 $\displaystyle\int_L P(x,y)\mathrm{d}s$ 的命令为先调用 Student[VectorCalculus]包，再使用 PathInt(P(x,y),[x,y]=Path(<x(t),y(t)>,t=t0..t1))命令
坐标的曲线积分	设 L 为曲线 $x=x(t),y=y(t)$ 从点 $t=t0$ 到 $t=t1$ 的一段弧，求 $\displaystyle\int_L P(x,y)\mathrm{d}x+Q(x,y)\mathrm{d}y$ 的命令为先调用 Student[VectorCalculus]包，再使用 LineInt(VectorField(<P(x,y),Q(x,y)>),Path(<x(t),y(t)>,t=t0..t1))命令
曲面积分	对一些特殊曲面，我们可调用"VectorCalculus(向量积分)"包中的"SurfaceInt"和"Flux"命令方便地求对面积的曲面积分和对坐标的曲面积分

9.5 运算练习

1. 计算二重积分：

（1）$\displaystyle\iint\limits_{D}(x+y)\mathrm{d}x\mathrm{d}y$，其中区域 D 是由直线 $x=1$，$x=2$，$y=x$，$y=3x$ 所围成；

（2）$\displaystyle\iint\limits_{D}\frac{x^2}{y^2}\mathrm{d}x\mathrm{d}y$，其中区域 D 是由直线 $x=2$，$y=x$ 及双曲线 $xy=1$ 所围成；

（3）$\iint\limits_{D} xy\mathrm{d}x\mathrm{d}y$，其中区域 D 是由抛物线 $y^2 = x$ 及直线 $y = x - 2$ 所围成；

（4）$\iint\limits_{D} (1 - x^2 - y^2)\mathrm{d}x\mathrm{d}y$，其中区域 D 为 $x^2 + y^2 \leqslant 1$；

（5）$\iint\limits_{D} \sqrt{x^2 + y^2}\mathrm{d}x\mathrm{d}y$，其中区域 D 为 $(x - a)^2 + y^2 \leqslant a^2$。

2. 计算 $\iiint\limits_{\Omega} xyz\mathrm{d}x\mathrm{d}y\mathrm{d}z$，其中区域 Ω 为：

（1）由 $x = 0$，$x = 1$，$y = 0$，$y = 2$，$z = 0$，$z = 3$ 所围成的长方体；

（2）由 $x = 0$，$y = 0$，$z = 0$，$x + y + z = 1$ 所围成的四面体。

3. 求下列曲线所围成的面积：

（1）求由 $xy = 4$，$x + y = 5$ 所围成平面图形的面积；

（2）求由 $y = \sin x$，$y = \cos x$ 与 y 轴在第一象限中所围成平面图形的面积。

4. 求曲面 $z = 4 - x^2$，$2x + y = 4$，$x = 0$，$y = 0$，$z = 0$ 所围成立体在第一卦限部分的体积。

5. 计算曲线积分 $\int_L (x + y)\mathrm{d}s$，其中 L 为连接点（1，0）到点（0，1）两点的直线弧。

6. 计算 $\int_L \sin x\mathrm{d}x + \cos y\mathrm{d}y$，其中 L 为抛物线 $x = y^2$ 上从点 $O(0，0)$ 到点 $A(1，1)$ 的一段弧。

第 10 章 级 数

首先，为加深对级数定义的理解，本章介绍调用和制作相关动画的方法。其次，本章讲解使用 Maple 自主学习判别级数敛散性的方法。最后，本章介绍使用 Maple 讨论级数的敛散性、级数求和、幂级数用于近似计算、函数展开成幂级数和展开成傅里叶级数的方法。

10.1 动画制作

首先，调用动画直观理解级数概念。我们可从工具菜单中的"向导"→"微积分-单变量（Calculus1）"→"泰勒近似（Taylor Approximation）"，调用"泰勒近似"对话框，或运算以下命令：

$$[> \text{Student}[\text{Calculus1}][\text{TaylorApproximationTutor}]( ) ;$$

调用该对话框。输入函数，点和阶数后运行可看到函数展开成幂级数的展开式，以及幂级数逼近函数的动画。

其次，我们可自己制作动画理解级数敛散概念。在 Maple 中运行以下命令：

$[> \text{restart} :$

$[> \text{with}(\text{plots}) :$

$[> \text{p1} := \text{animate}(\text{plot},[[\$[n,\text{sum}(1/2^\wedge i,i=1..n)],n=1..a]],x=1..a,\text{style} = \text{point},\text{color} = \text{red},\text{symbol} = \text{circle}],a=1..30) :$

$[> \text{p2} := \text{plot}(1,x=0..30,\text{color} = \text{blue}) :$

$[> \text{display}(\{\text{p1},\text{p2}\}) ;$

输出结果如图 10-1 所示。

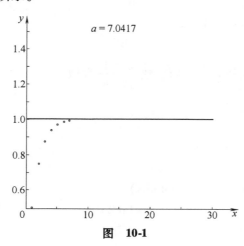

图 10-1

可得到一动画。动画中蓝色线表示 $y=1$，红色点表示级数 $\sum\limits_{n=1}^{+\infty}\dfrac{1}{2^n}$ 部分和数列的数值。观看该动画可以看到部分和数列极限为 1。

10.2 自主学习

我们可在"工具"菜单中选择"任务（Task）"→"浏览"→"Calculus-Integration（微积分 – 积分）"→"Serise（级数）"，其中"Radius of Convergence（收敛半径）"和"Ratio Test（比值判别法）"模板，可方便地求出级数的收敛半径，使用比值判别法判别级数敛散性。

10.3 数学运算

10.3.1 判断数项级数的敛散性

使用 sum 命令，即可求级数的和，也可以判别级数的敛散性，其格式为：

[> sum(f(k) , k = m.. n) ；

求 $\sum\limits_{k=m}^{n} f(k)$，$m,n$ 是整数或无穷大（infinity）。

例 10. 1　判别级数 $\sum\limits_{n=1}^{+\infty}\dfrac{1}{n^2}$ 和 $\sum\limits_{n=1}^{+\infty}\dfrac{1}{n}$ 的敛散性。

解　在 Maple 中做如下运算：

[> restart：

[> sum(1/n^2 , n = 1.. infinity) ；

$$\frac{1}{6}\pi^2$$

[> sum(1/n , n = 1.. infinity) ；

$$\infty$$

从而级数 $\sum\limits_{n=1}^{+\infty}\dfrac{1}{n^2}$ 收敛，其和为 $\dfrac{\pi^2}{6}$；而级数 $\sum\limits_{n=1}^{+\infty}\dfrac{1}{n}$ 发散。

例 10. 2　求 $\sum\limits_{n=1}^{+\infty}\dfrac{(-1)^n}{n}$ 的和。

解　在 Maple 中做如下运算：

[> restart：

[> sum((-1)^n/n , n = 1.. infinity) ；

$$-\ln(2)$$

[> evalf[5] (%) ；

$$-0.69315$$

解得：$\sum_{n=1}^{\infty} \dfrac{(-1)^n}{n} \approx -0.69315$ 。

如要使用判别定理判别级数的敛散性，我们可以使用 limit 命令，免去求极限的工作量。

例 10.3 判别级数 $\sum_{n=1}^{+\infty} \dfrac{1}{\sqrt[n]{3}}$ 和 $\sum_{n=1}^{+\infty} \dfrac{n^2}{2^n}$ 的敛散性。

解 为判别级数 $\sum_{n=1}^{+\infty} \dfrac{1}{\sqrt[n]{3}}$ 的敛散性，在 Maple 中做如下运算：

```
[ > restart：
[ > limit(1/3^(1/n),n = infinity);
```

$$1$$

由级数收敛的必要条件知道级数 $\sum_{n=1}^{+\infty} \dfrac{1}{\sqrt[n]{3}}$ 发散。判别级数 $\sum_{n=1}^{+\infty} \dfrac{n^2}{2^n}$ 的敛散性，在 Maple 中做如下运算：

```
[ > u： = n - > n^2/2^n：
[ > limit(u(n),n = infinity);
```

$$0$$

```
[ > limit(u(n+1)/u(n),n = infinity);
```

$$\dfrac{1}{2}$$

由正项级数的比值判别法可知级数 $\sum_{n=1}^{+\infty} \dfrac{n^2}{2^n}$ 收敛。

10.3.2　求幂级数的和

幂级数的求和运算完全类似于数项级数求和。

例 10.4 求幂级数 $\sum_{n=1}^{+\infty} \dfrac{x^n}{n \cdot 3^n}$ 的和。

解 在 Maple 中做以下运算：

```
[ > restart：
[ > sum(x^n/(n * 3^n),n = 1.. infinity);
```

$$-\ln\left(1 - \dfrac{1}{3}x\right)$$

所以 $\sum_{n=1}^{+\infty} \dfrac{x^n}{n \cdot 3^n} = -\ln\left(1 - \dfrac{x}{3}\right)$ 。

10.3.3　展开函数成幂级数

在 Maple 中，series 命令可将函数展开成幂级数，其格式为：

```
[ > series(f,x = a,n);
```

该命令运算的结果是将 f 在 $x=a$ 处展开到 n 阶。如果缺省 n，默认展开阶数为 6。

例 10.5 将 $f(x)=\cos(x+a)$ 在 $x=0$ 点处展开为 x 的幂级数，并写出前 5 项。

解 在 Maple 中做以下运算：

$[\,> \text{restart}:$

$[\,> \text{series}(\cos(x+a), x=0);$　　　默认展开阶数是 6

$$\cos(a)-\sin(a)x-\frac{1}{2}\cos(a)x^2+\frac{1}{6}\sin(a)x^3+\frac{1}{24}\cos(a)x^4-\frac{1}{120}\sin(a)x^5+o(x^6)$$

其中 $o(x^6)$ 表示余项。如要在输出时不显示余项，可使用命令

$[\,> \text{convert}(\%, \text{polynom});$

$$\cos(a)-\sin(a)x-\frac{1}{2}\cos(a)x^2+\frac{1}{6}\sin(a)x^3+\frac{1}{24}\cos(a)x^4-\frac{1}{120}\sin(a)x^5$$

所以，$\cos(x+a)$ 在 $x=0$ 点处展开为 x 的幂级数的前 5 项为

$$\cos(a)-\sin(a)x-\frac{1}{2}\cos(a)x^2+\frac{1}{6}\sin(a)x^3+\frac{1}{24}\cos(a)x^4-\frac{1}{120}\sin(a)x^5$$

使用 Maple 中的积分命令 int，可方便地将函数展开成傅里叶级数。

例 10.6 设 $f(x)$ 是周期为 2π 的函数，它在 $[-\pi,\pi)$ 上的表达式为 $f(x)=\begin{cases}0 & -\pi\leqslant x<0,\\ x & 0\leqslant x<\pi_{\circ}\end{cases}$ 将 $f(x)$ 展开成傅里叶级数。

解 计算傅里叶系数

$$a_n=\frac{1}{\pi}\int_{-\pi}^{\pi}f(x)\cos(nx)\,\mathrm{d}x=\frac{1}{\pi}\int_0^{\pi}x\cos(nx)\,\mathrm{d}x,$$

$$b_n=\frac{1}{\pi}\int_{-\pi}^{\pi}f(x)\sin(nx)\,\mathrm{d}x=\frac{1}{\pi}\int_0^{\pi}x\sin(nx)\,\mathrm{d}x$$

在 Maple 中做如下运算：

$[\,> \text{restart}:$

$[\,> \text{int}(x*\cos(n*x), x=0..\text{Pi});$

$$\frac{\sin(\pi n)n\pi+\cos(\pi n)-1}{n^2}$$

$[\,> \text{int}(x*\sin(n*x), x=0..\text{Pi});$

$$-\frac{\cos(\pi n)n\pi-\sin(\pi n)}{n^2}$$

解得：$a_n=\dfrac{(-1)^n-1}{n^2}$，$b_n=\dfrac{\pi(-1)^{n+1}}{n}$。

Maple 对被积函数中的参数不会给予讨论，因此对 a_0 要另行计算。

$[\,> \text{int}(x, x=0..\text{Pi});$

$$\frac{1}{2}\pi^2$$

因此，$f(x)$ 展开成傅里叶级数为 $\dfrac{\pi}{4}+\sum\limits_{n=1}^{+\infty}\left[\dfrac{(-1)^n-1}{\pi n^2}\cos(nx)+\dfrac{(-1)^{n+1}}{n}\sin(nx)\right]$。

10.3.4 幂级数用于近似计算

例 10.7 用 e^x 的马克劳林展开前 5,10,20 项的数值,近似计算 e^2。

解 在 Maple 中做如下运算:

```
[ > restart:
[ > evalf( Sum( 2^m/m! , m = 0 . . 5 ) );
```
$$7.266666667$$
```
[ > evalf( Sum( 2^m/m! , m = 0 . . 10 ) );
```
$$7.388994709$$
```
[ > evalf( Sum( 2^m/m! , m = 0 . . 20 ) );
```
$$7.389056099$$

填写表 10-1:

表 10-1

n	5	10	20
e^2 的近似值	7.266666667	7.388994709	7.389056099

运算以下命令,并将其结果与以上结果加以比较,

```
[ > evalf( exp( 2 ) );
```
$$7.389056099$$

例 10.8 设 $\Phi(x) = \int_{-\infty}^{x} \frac{1}{\sqrt{2\pi}} e^{-\frac{t^2}{2}} dt$, 求 $\Phi(1), \Phi(1.45), \Phi(1.96), \Phi(2.13)$ ($\Phi(0) = 0.5$)。

解 由于 $\Phi(x) = 0.5 + \frac{1}{\sqrt{2\pi}} \int_0^x \sum_{k=0}^{+\infty} \frac{(-1)^k t^{2k}}{2^k k!} dt$

$$= 0.5 + \sum_{k=0}^{+\infty} \frac{(-1)^k}{2^k k!} \frac{1}{\sqrt{2\pi}} \int_0^x t^{2k} dt = 0.5 + \frac{1}{\sqrt{2\pi}} \sum_{k=0}^{+\infty} \frac{(-1)^k x^{2k+1}}{2^k k! (2k+1)}$$

在 Maple 中做如下运算:

```
[ > restart:
[ > fai : = x - > sum( ( ( ( -1)^k * x^(2 * k + 1) )/( k! * 2^k * ( 2 * k + 1) )/sqrt( 2 * Pi ) , k = 0 . . infinity ) + 0.5;
```
$$fai := x \to \sum_{k=0}^{\infty} \frac{(-1)^k x^{2k+1}}{k! 2^k (2k+1) \sqrt{2\pi}} + 0.5$$
```
[ > fai( 1.0 );
```
$$0.8413447460$$
```
[ > fai( 1.45 );
```
$$0.9264707403$$
```
[ > fai( 1.96 );
```

$$0.9750021050$$

$$[\ > \mathrm{fai}(2.13);$$

$$0.9834141932$$

填写表 10-2：

表   10-2

x	1	1.45	1.96	2.13
$\Phi(x)$	0.8413447460	0.9264707403	0.9750021050	0.9834141932

10.4   命令小结

命令小结如表 10-3 所示。

表   10-3

求 $\sum\limits_{k=m}^{n} f(k)$，其中 m,n 是整数或无穷大（infinity）	sum(f(k),k = m..n)
用判别定理判断级数的敛散性	使用 limit(f,x = a) 命令
将 f 在 $x = a$ 处展开到 n 阶	series(f,x = a,n)，如果缺省 n，默认展开阶数为 6

10.5   运算练习

1. 判别数项级数敛散性：

（1）$\sum\limits_{n=1}^{+\infty} \dfrac{n}{3^n}$；   （2）$\sum\limits_{n=1}^{+\infty} n\sin\dfrac{1}{n}$。

2. 求级数的和：

（1）$\sum\limits_{n=1}^{+\infty} \dfrac{x^n}{3^n}$；   （2）$\sum\limits_{n=1}^{+\infty} n(n+1)x^n$；   （3）$\sum\limits_{n=1}^{+\infty} \dfrac{(-1)^n}{n^2}$。

3. 求幂级数的收敛域：

（1）$\sum\limits_{n=1}^{+\infty} \dfrac{x^n}{4n+1}$；   （2）$\sum\limits_{n=1}^{+\infty} (-1)^{n-1}\dfrac{x^n}{n}$；   （3）$\sum\limits_{n=1}^{+\infty} \left(\dfrac{1}{2}\right)^{n-1}(x-3)^n$。

4. 将函数展开成幂级数，写出前六项：

（1）将 $f(x) = \cos\dfrac{x}{2}$ 在 $x = 2$ 处展开成幂级数；

（2）将 $f(x) = \ln(x+2)$ 在 $x = 3$ 处展开成幂级数。

5. 将函数 $f(x) = \begin{cases} x, & -1 \leqslant x < 0 \\ x+1, & 0 \leqslant x \leqslant 1 \end{cases}$，展开成傅里叶级数。

第3篇 线 性 代 数

第11章 矩阵和行列式

本章首先讲解使用 Maple 自主学习矩阵运算和行列式求值的方法；其次介绍使用 Maple 命令进行矩阵运算和行列式求值的方法。

11.1 自主学习

11.1.1 矩阵加法及乘法运算

我们可在"工具"菜单中选择"任务（Task）"→"浏览"→"Linear Algebra（线性代数）"→"Matrix Manipulations（矩阵运算）"，其中有一些有关矩阵运算和行列式求值的模块。（见表11-1）

表 11-1 矩阵运算和行列式求值模块一览表

Determinant of a Matrix	行列式
Nth Power of a Matrix	矩阵的幂次
Product of Two Matrices	两矩阵的乘法
Rank of a Matrix	矩阵的秩
Scalar Multiple of a Matrix	数量与矩阵的乘法
Sum of Two Matrices	两矩阵的加法
Transpose of a Matrix	矩阵转置

11.1.2 求逆矩阵

我们可从"工具"菜单中的"向导"→"线性代数"→"矩阵求逆（Matrix Inverse）"进入"求逆矩阵"对话框，可分步观看求逆矩阵过程。也可使用以下命令调用该对话框。

[> Student[LinearAlgebra][InverseTutor]( );

11.1.3 求矩阵的行最简和行标准矩阵

我们可从"工具"菜单中的"向导"→"线性代数"→"高斯消去（Gaussian Elimination）"进入"高斯消去法"对话框，可分步观看求矩阵的行最简和行标准矩阵过程。也可使用以下命令调用该对话框。

[> Student[LinearAlgebra][GaussianEliminationTutor]( );

11.2 数学运算

11.2.1 矩阵运算

（1）输入矩阵和向量

在 Maple 中要进行矩阵的运算，首先要掌握矩阵的输入方法。设 A 是 $m \times n$ 阶矩阵，在 Maple 下输入 A 的格式为：

[> A: = < < a11, a12, …, a1n > | < a21, a22, …, a2n > | … | < am1, am2, …, amn >>;

或者使用 Matrix 命令：

[> A: = Matrix [[a11, a12, …, a1n], [a21, a22, …, a2n], …, [am1, am2, …, amn]];

另外，一些特殊类型矩阵的定义命令如表 11-2 所示。

表 11-2　特殊类型矩阵定义命令

矩阵类型	Maple 命令
单位矩阵	LinearAlgebra[IdentityMatrix] (n)
行向量矩阵	B: = < b1, b2, …, bn >
列向量矩阵	B: = < b1	b2	…	bn >

在 Maple 中做如下运算：

[> restart:

[> colvec: = < a, b, c >;

Matrix([[a], [b], [c]]);

$$colvec: = \begin{bmatrix} a \\ b \\ c \end{bmatrix}$$

$$\begin{bmatrix} a \\ b \\ c \end{bmatrix}$$

[> rowvec: = < a | b | c >;

Matrix([a, b, c]);

$$rowvec: = \begin{bmatrix} a & b & c \end{bmatrix}$$

$$\begin{bmatrix} a & b & c \end{bmatrix}$$

（2）矩阵基本运算

Maple 中矩阵基本运算命令如表 11-3 所示。

表 11-3　矩阵基本运算命令

运　　算	Maple 命令
矩阵 A 加(减)矩阵 B	A + B（A − B）
数 k 乘矩阵 A	k ∗ A 或者 LinearAlgebra[ScalarMultiply]（A,k）
矩阵 A 乘矩阵 B	A. B 或者 LinearAlgebra[MatrixMultiply]（A,B）
方阵 A 的 k 次幂	A^k 或者 LinearAlgebra[MatrixPower]（A,k）
矩阵 A 的转置矩阵	A^% T 或者 LinearAlgebra[Transpose]（A）

例 11.1　设 $A = \begin{pmatrix} 1 & 7 & -1 \\ 4 & 2 & 3 \\ 2 & 0 & 1 \end{pmatrix}$，$B = \begin{pmatrix} 1 & 2 & 3 \\ 0 & 1 & 2 \\ -1 & 2 & 3 \end{pmatrix}$，求 $2AB - BA$。

解　在 Maple 中做如下运算：

[> restart：

[> A：= Matrix（[[1,7, −1],[4,2,3],[2,0,1]]）；

$$A：= \begin{bmatrix} 1 & 7 & -1 \\ 4 & 2 & 3 \\ 2 & 0 & 1 \end{bmatrix}$$

[> B：= Matrix（[[1,2,3],[0,1,2],[−1,2,3]]）；

$$B = \begin{bmatrix} 1 & 2 & 3 \\ 0 & 1 & 2 \\ -1 & 2 & 3 \end{bmatrix}$$

[>2 ∗ A. B − B. A；

$$\begin{bmatrix} -11 & 3 & 20 \\ -6 & 30 & 45 \\ -11 & 15 & 8 \end{bmatrix}$$

解得：$2AB - BA = \begin{pmatrix} -11 & 3 & 20 \\ -6 & 30 & 45 \\ -11 & 15 & 8 \end{pmatrix}$。

例 11.2　设 $A = \begin{pmatrix} 1 & -1 & 0 \\ 2 & 1 & 1 \end{pmatrix}$，$B = \begin{pmatrix} 1 & 2 & 2 \\ 0 & -1 & 1 \\ -1 & 1 & 2 \\ 1 & 0 & 1 \end{pmatrix}$，计算 AB^{T}。

解　在 Maple 中做如下运算：

[> restart：

[> A：= Matrix（[[1, −1,0],[2,1,1]]）；

$$A：= \begin{bmatrix} 1 & -1 & 0 \\ 2 & 1 & 1 \end{bmatrix}$$

[> B：= Matrix([[1,2,2],[0,-1,1],[-1,1,2],[1,0,1]])；

$$B：= \begin{bmatrix} 1 & 2 & 2 \\ 0 & -1 & 1 \\ -1 & 1 & 2 \\ 1 & 0 & 1 \end{bmatrix}$$

[> A. B^%T；

$$\begin{bmatrix} -1 & 1 & -2 & 1 \\ 6 & 0 & 1 & 3 \end{bmatrix}$$

或

[> with(LinearAlgebra)：

[> Multiply(A,Transpose(B))；

$$\begin{bmatrix} -1 & 1 & -2 & 1 \\ 6 & 0 & 1 & 3 \end{bmatrix}$$

解得：$AB^T = \begin{pmatrix} -1 & 1 & -2 & 1 \\ 6 & 0 & 1 & 3 \end{pmatrix}$。

11.2.2　计算行列式

Maple 中计算行列式命令格式为：

[> LinearAlgebra：- Determinant(A)；

例 11.3　计算行列式 $D = \begin{vmatrix} 2 & 3 & 1 & 0 \\ 4 & -2 & -1 & -1 \\ -2 & 1 & 2 & 1 \\ -4 & 3 & 2 & 1 \end{vmatrix}$。

解　在 Maple 中做如下运算：

[> restart：

[> D：= Matrix([[2,3,1,0],[4,-2,-1,-1],[-2,1,2,1],[-4,3,2,1]])；

Error, attempting to assign to 'D' which is protected. Try declaring 'local D'; see ? protect for details.

[> local D；

Warning, A new binding for the name 'D' has been created. The global instance of this name is still accessible using the ：- prefix, ：-'D'. See ? protect for details.

[> D：= Matrix([[2,3,1,0],[4,-2,-1,-1],[-2,1,2,1],[-4,3,2,1]])；

$$D：= \begin{bmatrix} 2 & 3 & 1 & 0 \\ 4 & -2 & -1 & -1 \\ -2 & 1 & 2 & 1 \\ -4 & 3 & 2 & 1 \end{bmatrix}$$

注意：D 是 Maple 受保护的变量名，虽然 Maple 17 及以后版本中可以使用局部变量（如上），但建议尽量回避使用该变量名。

$[>$ restart：

$[>$ A：= Matrix（[[2,3,1,0],[4,-2,-1,-1],[-2,1,2,1],[-4,3,2,1]]）；

$$A：= \begin{bmatrix} 2 & 3 & 1 & 0 \\ 4 & -2 & -1 & -1 \\ -2 & 1 & 2 & 1 \\ -4 & 3 & 2 & 1 \end{bmatrix}$$

$[>$ LinearAlgebra[Determinant]（A）；

$$8$$

解得：$D = \begin{vmatrix} 2 & 3 & 1 & 0 \\ 4 & -2 & -1 & -1 \\ -2 & 1 & 2 & 1 \\ -4 & 3 & 2 & 1 \end{vmatrix} = 8$。

例 11.4 计算四阶范德蒙德（Vandermender）行列式。

$$D = \begin{vmatrix} 1 & 1 & 1 & 1 \\ a & b & c & d \\ a^2 & b^2 & c^2 & d^2 \\ a^3 & b^3 & c^3 & d^3 \end{vmatrix}$$

其中 a,b,c,d 为两两不相同的实数。

解 在 Maple 中做如下运算：

$[>$ restart：

$[>$ A：= Matrix（[[1,1,1,1],[a,b,c,d],[a^2,b^2,c^2,d^2],[a^3,b^3,c^3,d^3]]）：

$[>$ LinearAlgebra[Determinant]（A）；

$$a^3 b^2 c - a^2 b^3 c - a^3 bc^2 + ab^3 c^2 + a^2 bc^3 - ab^2 c^3 - ab^2 d + \cdots 略$$

$[>$ factor（%）；

$$(c-d)(b-d)(b-c)(a-d)(a-c)(a-b)$$

解得：行列式 $D = (-a+b)(-a+c)(-a+d)(-b+c)(-b+d)(-c+d)$。

11.2.3 求逆矩阵

用 Maple 求方阵 A 的逆矩阵的命令格式为：

$[>$ LinearAlgebra：- MatrixInverse（A）；

例 **11.5**　求方阵 $A = \begin{pmatrix} 0 & 1 & 2 \\ 1 & 1 & 4 \\ 2 & -1 & 0 \end{pmatrix}$ 的逆矩阵。

解　在 Maple 中做如下运算：

[> restart：

[> A：= Matrix([[0,1,2],[1,1,4],[2,-1,0]])：

[> LinearAlgebra：- MatrixInverse(A)；

$$\begin{bmatrix} 2 & -1 & 1 \\ 4 & -2 & 1 \\ -\dfrac{3}{2} & 1 & -\dfrac{1}{2} \end{bmatrix}$$

解得：$A^{-1} = \begin{pmatrix} 2 & -1 & 1 \\ 4 & -2 & 1 \\ -\dfrac{3}{2} & 1 & -\dfrac{1}{2} \end{pmatrix}$。

11.2.4　求矩阵的秩及向量组的线性相关性

将矩阵 A 化为行最简阶梯形矩阵的 Maple 命令格式为：

[> LinearAlgebra：- ReducedRowEchelonForm(A)；

求矩阵 A 的秩的 Maple 命令格式为：

[> LinearAlgebra[Rank](A)；

应用以上命令，使向量组线性相关性问题的讨论更加方便。

例 **11.6**　设 $A = \begin{pmatrix} 1 & -1 & 2 & 1 & 0 \\ 2 & -2 & 4 & -2 & 0 \\ 3 & 0 & 6 & -1 & 1 \\ 2 & -2 & 4 & 2 & 0 \end{pmatrix}$，求 A 的秩 $R(A)$。

解　在 Maple 中做如下运算：

[> restart：

[> A：= Matrix([[1,-1,2,1,0],[2,-2,4,-2,0],[3,0,6,-1,1],[2,-2,4,2,0]])；

$$A := \begin{bmatrix} 1 & -1 & 2 & 1 & 0 \\ 2 & -2 & 4 & -2 & 0 \\ 3 & 0 & 6 & -1 & 1 \\ 2 & -2 & 4 & 2 & 0 \end{bmatrix}$$

[> LinearAlgebra：- ReducedRowEchelonForm(A)；

$$\begin{bmatrix} 1 & 0 & 2 & 0 & \dfrac{1}{3} \\ 0 & 1 & 0 & 0 & \dfrac{1}{3} \\ 0 & 0 & 0 & 1 & 0 \\ 0 & 0 & 0 & 0 & 0 \end{bmatrix}$$

或

$[>\text{LinearAlgebra}[\text{Rank}](A);$

$$3$$

解得: $R(A)=3$。

例 11.7 判别下列向量组的线性相关性, 求出它的一个极大线性无关组, 并将其他向量用该极大线性无关组线性表示。

(1) $\alpha_1 = (5,6,7,7)$, $\alpha_2 = (2,0,0,0)$, $\alpha_3 = (0,1,0,0)$, $\alpha_4 = (0,-1,-1,0)$;

(2) $\beta_1 = (6,4,1,-1,2)$, $\beta_2 = (1,0,2,3,-4)$, $\beta_3 = (1,4,-9,-16,22)$, $\beta_4 = (7,1,0,-1,3)$。

解 (1)把向量组 α_1, α_2, α_3, α_4 作为列向量构造矩阵 A, 即 $A = \begin{pmatrix} 5 & 2 & 0 & 0 \\ 6 & 0 & 1 & -1 \\ 7 & 0 & 0 & -1 \\ 7 & 0 & 0 & 0 \end{pmatrix}$,

并对 A 进行初等行变换。在 Maple 中进行以下运算:

$[>\text{restart};$

$[>A := \text{Matrix}([[5,2,0,0],[6,0,1,-1],[7,0,0,-1],[7,0,0,0]]);$

$$A := \begin{bmatrix} 5 & 2 & 0 & 0 \\ 6 & 0 & 1 & -1 \\ 7 & 0 & 0 & -1 \\ 7 & 0 & 0 & 0 \end{bmatrix}$$

$[>\text{LinearAlgebra}[\text{Rank}](A);$

$$4$$

所以矩阵 A 的 $R(A)=4$, 向量组 α_1, α_2, α_3, α_4 线性无关, 极大线性无关组就是该向量组本身。

(2)把向量组 β_1, β_2, β_3, β_4 作为列向量构造矩阵 B, 即 $B = \begin{pmatrix} 6 & 1 & 1 & 7 \\ 4 & 0 & 4 & 1 \\ 1 & 2 & -9 & 0 \\ -1 & 3 & -16 & -1 \\ 2 & -4 & 22 & 3 \end{pmatrix}$,

并对 B 进行初等行变换。在 Maple 中输入以下指令:

[> B: = Matrix([[6,1,1,7],[4,0,4,1],[1,2,-9,0],[-1,3,-16,-1],[2, -4,22,3]]);

$$B: = \begin{pmatrix} 6 & 1 & 1 & 7 \\ 4 & 0 & 4 & 1 \\ 1 & 2 & -9 & 0 \\ -1 & 3 & -16 & -1 \\ 2 & -4 & 22 & 3 \end{pmatrix}$$

[> LinearAlgebra: - ReducedRowEchelonForm(B);

$$\begin{bmatrix} 1 & 0 & 1 & 0 \\ 0 & 1 & -5 & 0 \\ 0 & 0 & 0 & 1 \\ 0 & 0 & 0 & 0 \\ 0 & 0 & 0 & 0 \end{bmatrix}$$

解得：矩阵 B 的秩 $R(B) = 3$，因此，向量组 $\boldsymbol{\beta}_1$，$\boldsymbol{\beta}_2$，$\boldsymbol{\beta}_3$，$\boldsymbol{\beta}_4$ 线性相关，且 $\boldsymbol{\beta}_1$，$\boldsymbol{\beta}_2$，$\boldsymbol{\beta}_4$ 为向量组的一个极大线性无关组。从矩阵 B 的行最简阶梯形矩阵中容易得出：$\boldsymbol{\beta}_3 = \boldsymbol{\beta}_1 - 5\boldsymbol{\beta}_2$。

11.2.5 求解矩阵方程

Maple 中求解矩阵方程 $\boldsymbol{AX} = \boldsymbol{B}$ 的命令格式为：

[> LinearAlgebra[LinearSolve](A,B);

例 11.8 求一个 2×2 的矩阵 $\boldsymbol{X}$，使其满足 $\begin{pmatrix} 1 & 2 \\ 2 & 1 \end{pmatrix} \boldsymbol{X} = \begin{pmatrix} 1 & 0 \\ 1 & 1 \end{pmatrix}$。

解 在 Maple 中做如下运算：

[> restart:

[> A: = Matrix([[1,2],[2,1]]);

$$A: = \begin{bmatrix} 1 & 2 \\ 2 & 1 \end{bmatrix}$$

[> B: = Matrix([[1,0],[1,1]]);

$$B: = \begin{bmatrix} 1 & 0 \\ 1 & 1 \end{bmatrix}$$

[> LinearAlgebra[LinearSolve](A,B);

$$\begin{bmatrix} \dfrac{1}{3} & \dfrac{2}{3} \\ \dfrac{1}{3} & -\dfrac{1}{3} \end{bmatrix}$$

解得:$X = \begin{pmatrix} \dfrac{1}{3} & \dfrac{2}{3} \\[2mm] \dfrac{1}{3} & -\dfrac{1}{3} \end{pmatrix}$。

例 11.9 已知:$A = \begin{pmatrix} x & 0 \\ 7 & y \end{pmatrix}$，$B = \begin{pmatrix} u & v \\ y & 2 \end{pmatrix}$，$F = \begin{pmatrix} 3 & -4 \\ x & v \end{pmatrix}$，且 $A + 2B - F = 0$，求 x，y，u，v 的值。

解 在 Maple 中做如下运算:

[> restart：

[> A：= Matrix([[x,0],[7,y]])；

$$A：= \begin{bmatrix} x & 0 \\ 7 & y \end{bmatrix}$$

[> B：= Matrix([[u,v],[y,2]])；

$$B：= \begin{bmatrix} u & v \\ y & 2 \end{bmatrix}$$

[> F：= Matrix([[3,-4],[x,v]])；

$$F：= \begin{bmatrix} 3 & -4 \\ x & v \end{bmatrix}$$

方法一 在 Maple 中做如下运算:

[> M：= A + 2 * B - F；

$$M：= \begin{bmatrix} x+2u-3 & 2v+4 \\ 7+2y-x & y+4-v \end{bmatrix}$$

[> solve([M[1,1]=0,M[1,2]=0,M[2,1]=0,M[2,2]=0],{x,y,u,v})；

$$\{u=4, v=-2, x=-5, y=-6\}$$

解得:$x = -5$，$y = -6$，$u = 4$，$v = -2$。

方法二 在 Maple 中做如下运算:

[> map(" = ",A + 2 * B - F,0)；

$$\begin{bmatrix} x+2u-3=0 & 2v+4=0 \\ 7+2y-x=0 & y+4-v=0 \end{bmatrix}$$

[> convert(% ,'list')；

$$[x+2u-3=0, 7+2y-x=0, 2v+4=0, y+4-v=0]$$

[> solve(% ,{x,y,u,v})；

$$\{u=4, v=-2, x=-5, y=-6\}$$

解得:$x = -5$，$y = -6$，$u = 4$，$v = -2$。

11.3　命令小结

命令小结如表 11-4 所示。

表　11-4

运　　算	Maple 命令
定义 $m \times n$ 阶矩阵 A	A：= < <a11,a12,···,a1n > | <a21,a22,···,a2n > | ··· | <am1,am2,···,amn > > 或者使用 Matrix 命令： A：= Matrix[[a11,a12,···,a1n],[a21,a22,···,a2n],···,[am1,am2,···,amn]]， 其中 aij 是数值或表达式
定义 n 阶的单位方阵 A	LinearAlgebra[IdentityMatrix](n)
定义 n 阶行向量 B	B：= <b$_1$,b$_2$,···,b$_n$ >
定义 n 阶列向量 B	B：= <b$_1$|b$_2$|···|b$_n$ >
矩阵 A 加(减)矩阵 B	A + B(A − B)
常数 k 乘矩阵 A	k * A 或者 LinearAlgebra[ScalarMultiply](A,k)
矩阵 A 和矩阵 B 相乘	A. B 或者 LinearAlgebra[MatrixMultiply](A,B)
方阵 A 的 k 次幂	A^k 或者 LinearAlgebra[MatrixPower](A,k)
方阵 A 的转置	A^%T 或者 LinearAlgebra[Transpose](A)
矩阵 A 的逆	LinearAlgebra：− MatrixInverse(A)
矩阵 A 的行列式	LinearAlgebra：− Determinant(A)
矩阵 A 的行最简阶梯矩阵	LinearAlgebra：− ReducedRowEchelonForm(A)
矩阵 A 的秩	LinearAlgebra[Rank](A)
求矩阵方程 $AX = B$ 的解	LinearAlgebra[LinearSolve](A,B)

11.4　运算练习

1. 矩阵的运算：

（1）设 $A = \begin{pmatrix} 3 & -2 & 7 & 5 \\ 1 & 0 & 4 & -3 \\ 6 & 8 & 0 & 2 \end{pmatrix}$，$B = \begin{pmatrix} -2 & 0 & 1 & 4 \\ 5 & -1 & 7 & 6 \\ 4 & -2 & 1 & -9 \end{pmatrix}$，$C = \begin{pmatrix} 1 & 0 & -2 \\ 0 & 5 & 3 \\ 2 & 4 & 0 \\ -1 & 0 & 1 \end{pmatrix}$，

求 $A + B - 3C^{\mathrm{T}}$，AC。

（2）设 $A = \begin{pmatrix} 1 & 0 \\ k & 1 \end{pmatrix}$，求 A^{10}。

2. 计算行列式：

$(1)\begin{vmatrix} 2 & 1 & 4 & 1 \\ 3 & -1 & 2 & 1 \\ 1 & 2 & 3 & 2 \\ 5 & 6 & 6 & 2 \end{vmatrix}$；$(2)\begin{vmatrix} a-2 & -3 & -2 \\ -1 & a-8 & -2 \\ 2 & 14 & a+3 \end{vmatrix}$；$(3)\begin{vmatrix} 1+x & 1 & 1 & 1 \\ 1 & 1-x & 1 & 1 \\ 1 & 1 & 1+y & 1 \\ 1 & 1 & 1 & 1-y \end{vmatrix}$。

3. 求下列矩阵的逆：

$(1)\begin{pmatrix} 1 & -3 & 2 \\ -3 & 0 & 1 \\ 1 & 1 & -1 \end{pmatrix}$；$(2)\begin{pmatrix} 1 & 1 & 1 & 1 \\ 1 & 1 & -1 & -1 \\ 1 & -1 & 1 & -1 \\ 1 & -1 & -1 & 1 \end{pmatrix}$。

4. 用初等变换求下列矩阵的秩：

$(1)\begin{pmatrix} 2 & 1 & 2 & 3 \\ 4 & 1 & 3 & 5 \\ 2 & 0 & 1 & 2 \end{pmatrix}$；$\qquad(2)\begin{pmatrix} 3 & 2 & -1 & -3 & -2 \\ 2 & -1 & 3 & 1 & -3 \\ 4 & 5 & -5 & -6 & 1 \\ 5 & 1 & 2 & -2 & -5 \end{pmatrix}$；

$(3)\begin{pmatrix} 1 & -2 & 1 & 1 & -1 & 1 \\ 2 & 1 & -1 & -1 & -1 & 2 \\ 1 & 3 & -2 & -2 & 0 & 4 \\ 3 & -1 & 0 & 0 & -2 & 3 \end{pmatrix}$。

5. 判别下列向量组的线性相关性，并求它的一个极大线性无关组，并写出其他向量由此极大线性无关组线性表示的表达式。

(1) $\boldsymbol{\alpha}_1 = (1,2,-1,4)$，$\boldsymbol{\alpha}_2 = (-2,-4,2,-8)$，
 $\boldsymbol{\alpha}_3 = (9,100,10,4)$，

(2) $\boldsymbol{\alpha}_1 = (0,1,1,-1,2)$，$\boldsymbol{\alpha}_2 = (0,2,-2,-2,0)$，
 $\boldsymbol{\alpha}_3 = (0,-1,-1,1,1)$，$\boldsymbol{\alpha}_4 = (1,1,0,1,-1)$，

(3) $\boldsymbol{\alpha}_1 = (1,0,2,4,1)$，$\boldsymbol{\alpha}_2 = (0,-1,-1,1,1)$，
 $\boldsymbol{\alpha}_3 = (2,3,-2,-3,0)$，$\boldsymbol{\alpha}_4 = (5,5,-3,-1,2)$。

6. 求一个 2×2 的矩阵 $\boldsymbol{X}$，使其满足 $\begin{pmatrix} 2 & 1 \\ 1 & 2 \end{pmatrix} \boldsymbol{X} = \begin{pmatrix} 1 & 1 \\ 0 & 1 \end{pmatrix}$。

7. 设 $\boldsymbol{A} = \begin{pmatrix} 1 & 2 & 1 & 2 \\ 2 & 1 & 2 & 1 \\ 1 & 2 & 3 & 4 \end{pmatrix}$，$\boldsymbol{B} = \begin{pmatrix} 4 & 3 & 2 & 1 \\ -2 & 1 & -2 & 1 \\ 0 & -1 & 0 & -1 \end{pmatrix}$ 且 $2\boldsymbol{A} - \boldsymbol{Y} + 2(\boldsymbol{B} - \boldsymbol{Y}) = \boldsymbol{0}$，求 $\boldsymbol{Y}$。

第 12 章　线性方程组和二次型

首先，为加深对线性系统和特征向量几何意义的理解，本章介绍相关动画的调用方法。其次，本章讲解使用 Maple 自主学习求线性方程组的解、特征值和特征向量的方法。最后，本章介绍 Maple 中有关线性方程组求解、特征值和特征向量的命令，并讲解使用 Maple 将实二次型通过正交变换化为标准型的方法。

12.1　动画制作

12.1.1　线性系统绘图

我们可通过"工具"菜单中的"向导"→"线性代数（Linear Algebra）"→"线性系统绘图（Linear System Plot）"进入线性系统绘图对话框，也可使用下面命令调用该对话框，

　　［＞Student［LinearAlgebra］［LinearSystemPlotTutor］（）；

12.1.2　特征向量绘图

我们可以选择"工具"菜单中的"向导"→"线性代数"→"特征向量绘图（Eigen Plot）"，然后会出现特征向量绘图对话框，也可使用下面命令调用该对话框，

　　［＞Student［LinearAlgebra］［EigenPlotTutor］（）；

12.2　自主学习

12.2.1　求线性方程组的增广矩阵

我们可在"工具"菜单中选择"任务（Task）"→"浏览"→"Linear Algebra（线性代数）"→"Matrix Manipulations（矩阵运算）"→"Convert a System of Linear Equations to Matrix Form（线性方程组的增广矩阵）"，进入求解线性方程组增广矩阵模板，输入线性方程组可方便地求得增广矩阵。

12.2.2　求线性方程组的解

我们在"工具"菜单中选择"向导"→"线性代数"→"线性方程组的解（Linear Solve）"会出现如图 12-1 所示的选择框，选择 Gaussian Elimination（高斯消元法）或 Gauss Jordan Elimination（高斯若尔当消元法），便可进入相应的对话框，通过按钮操作，可方便地求出线性方程组的解。

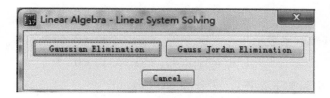

图 12-1　求解方法选择框

也可以使用下面命令调用线性方程组求解对话框。

　　[> Student[LinearAlgebra][LinearSolveTutor]( );

12.2.3　求齐次线性方程组的基础解系

我们可在"工具"菜单中选择"任务(Task)"→"浏览"→"Linear Algebra(线性代数)"→"Matrix Manipulations(矩阵运算)"→"Fundamental Subspaces for a Matrix(矩阵的基本子空间)"→"Null Space(kernal)(零空间)",进入求齐次线性方程组基础解系模板,输入齐次线性方程组的系数矩阵,即可求得基础解系。

12.2.4　求特征值

我们可通过"工具"菜单中的"向导"→"线性代数(Linear Algebra)"→"特征值(Eigenvalues)"进入求特征值对话框,也可使用下面命令调用该对话框,

　　[> Student[LinearAlgebra][EigenvaluesTutor]( );

12.2.5　求特征向量

我们可通过"工具"菜单中的"向导"→"线性代数"→"特征向量(Eigenvectors)"进入求特征向量对话框。也可使用下面的命令调用该对话框,

　　[> Student[LinearAlgebra][EigenvectorsTutor]( );

我们还可在"工具"菜单中选择"任务(Task)"→"浏览"→"Linear Algebra(线性代数)"→"Matrix Manipulations(矩阵运算)"→"Eigenvalues and Eigenvectors of a Matrix(矩阵的特征值和特征向量)",进入求矩阵的特征值和特征向量模板,输入矩阵运算后可求得矩阵的特征值和特征向量。

12.3　数学运算

12.3.1　求线性方程组的解

(1) 求齐次线性方程组的基础解系

求齐次线性方程组 $AX = 0$ 基础解系的命令格式为:

　　[> LinearAlgebra[NullSpace](A);

例 12.1 用基础解系表示 $\begin{cases} 2x_1 + x_2 + x_3 - x_4 - 2x_5 = 0, \\ x_1 - x_2 + 2x_3 + x_4 - x_5 = 0, \\ x_1 - 3x_2 + 4x_3 + 3x_4 - x_5 = 0 \end{cases}$ 的全部解。

解 在 Maple 中做如下运算：

[> restart：

[> A：= Matrix([[2,1,1, -1, -2],[1, -1,2,1, -1],[1, -3,4,3, -1]])；

$$A：= \begin{bmatrix} 2 & 1 & 1 & -1 & -2 \\ 1 & -1 & 2 & 1 & -1 \\ 1 & -3 & 4 & 3 & -1 \end{bmatrix}$$

[> with(LinearAlgebra)：

[> NullSpace(A)；

$$\left\{ \begin{vmatrix} 1 \\ 0 \\ 0 \\ 0 \\ 1 \end{vmatrix}, \begin{vmatrix} 0 \\ 1 \\ 0 \\ 1 \\ 0 \end{vmatrix}, \begin{vmatrix} -1 \\ 1 \\ 1 \\ 0 \\ 0 \end{vmatrix} \right\}$$

解得该方程组的基础解系为：$\xi = \begin{pmatrix} 1 \\ 0 \\ 0 \\ 0 \\ 1 \end{pmatrix}, \xi_2 = \begin{pmatrix} 0 \\ 1 \\ 0 \\ 1 \\ 0 \end{pmatrix}, \xi_3 = \begin{pmatrix} -1 \\ 1 \\ 1 \\ 0 \\ 0 \end{pmatrix}$，全部解为：

$c_1 \begin{pmatrix} 1 \\ 0 \\ 0 \\ 0 \\ 1 \end{pmatrix} + c_2 \begin{pmatrix} 0 \\ 1 \\ 0 \\ 1 \\ 0 \end{pmatrix} + c_3 \begin{pmatrix} -1 \\ 1 \\ 1 \\ 0 \\ 0 \end{pmatrix}$，其中 C_1, C_2, C_3 为任意常数。

（2）求非齐次线性方程组的通解

求解线性方程组 $AX = b(b \neq 0)$ 的主要方法有：

① 先输入线性方程组的增广矩阵 M，使用

[> LinearAlgebra：- ReducedRowEchelonForm(M)；

命令将其化为行最简的阶梯形矩阵，然后就可确定方程组是否有解，若有解很容易直接写出其解。

② 先使用 LinearAlgebra[LinearSolve]或 solve 命令将线性方程组化简，如果解不唯一，求出非齐次线性方程组的一个特解。再使用 LinearAlgebra[NullSpace]命令求出对应的齐次线性方程组的一个基础解系，从而推导出其通解。LinearAlgebra[LinearSolve]和 solve 命令格式如下：

[> LinearAlgebra[LinearSolve](A,b)；

[> solve(sys,var);

其中 sys 表示方程组，var 表示变量组。

在使用以上两个方法中，需要输入系数矩阵，非齐次项向量和增广矩阵，其格式为：

[> M：= GenerateMatrix(sys,var,augmented = true);

其中 sys 是方程组，var 是变量列表。若命令中不写 augmented = true，则生成系数矩阵和非齐次项向量；若命令中写 augmented = true，则生成方程组的增广矩阵。

例 12.2 求解线性方程组：
$$\begin{cases} x_1 - 2x_2 + 3x_3 - 4x_4 = 4, \\ \quad\quad x_2 - x_3 + x_4 = -3, \\ x_1 + 3x_2 + \quad\quad x_4 = 1, \\ \quad\quad -7x_2 + 3x_3 + x_4 = -3。 \end{cases}$$

解 为定义方程组和变量列表，在 Maple 中做如下运算：

[> restart：

[> with(LinearAlgebra)：

[> sys：= [x[1] - 2 * x[2] + 3 * x[3] - 4 * x[4] = 4, x[2] - x[3] + x[4] = -3, x[1] + 3 * x[2] + x[4] = 1, -7 * x[2] + 3 * x[3] + x[4] = -3];

sys：= [$x_1 - 2x_2 + 3x_3 - 4x_4 = 4$, $x_2 - x_3 + x_4 = -3$, $x_1 + 3x_2 + x_4 = 1$, $-7x_2 + 3x_3 + x_4$

= -3]

[> var：= [x[1],x[2],x[3],x[4]]：

方法一 在 Maple 中做如下运算：

[> M：= GenerateMatrix(sys,var,augmented = true);

$$M := \begin{bmatrix} 1 & -2 & 3 & -4 & 4 \\ 0 & 1 & -1 & 1 & -3 \\ 1 & 3 & 0 & 1 & 1 \\ 0 & -7 & 3 & 1 & -3 \end{bmatrix}$$

[> ReducedRowEchelonForm(M);

$$\begin{vmatrix} 1 & 0 & 0 & 0 & -8 \\ 0 & 1 & 0 & 0 & 3 \\ 0 & 0 & 1 & 0 & 6 \\ 0 & 0 & 0 & 1 & 0 \end{vmatrix}$$

方法二 在 Maple 中做如下运算：

[> solve(sys,var);

$$[[x_1 = -8, \quad x_2 = 3, \quad x_3 = 6, \quad x_4 = 0]]$$

或

[> (A,b)：= GenerateMatrix(sys,var);

$$A,b:=\begin{bmatrix}1 & -2 & 3 & -4\\ 0 & 1 & -1 & 1\\ 1 & 3 & 0 & 1\\ 0 & -7 & 3 & 1\end{bmatrix},\begin{bmatrix}4\\ -3\\ 1\\ -3\end{bmatrix}$$

[> LinearSolve(A,b);

$$\begin{bmatrix}-8\\ 3\\ 6\\ 0\end{bmatrix}$$

因此原方程组有唯一解：$x_1=-8$, $x_2=3$, $x_3=6$, $x_4=0$。

例 12.3　求解线性方程组：$\begin{cases}2x_1+x_2-x_3+x_4=1,\\ 3x_1-2x_2+2x_3-3x_4=2,\\ 5x_1+x_2-x_3+2x_4=-1,\\ 2x_1-x_2+x_3-3x_4=4。\end{cases}$

解　在 Maple 中做如下运算：

[> restart：

[> sys：= [2 * x[1] + x[2] - x[3] + x[4] = 1,3 * x[1] - 2 * x[2] + 2 * x[3] - 3 * x[4] = 2,5 * x[1] + x[2] - x[3] + 2 * x[4] = -1, 2 * x[1] - x[2] + x[3] - 3 * x[4] = 4];

$sys:=[2x_1+x_2-x_3+x_4=1, 3x_1-2x_2+2x_3-3x_4=2,5x_1+x_2-x_3+2x_4=-1,2x_1-x_2+x_3-3x_4=4]$

[> var：= [x[1],x[2],x[3],x[4]]：

[> solve(sys,var);

[ ]

或

[> (A,b)：= GenerateMatrix(sys,var);

$$A,b:=\begin{bmatrix}2 & 1 & -1 & 1\\ 3 & -2 & 2 & -3\\ 5 & 1 & -1 & 2\\ 2 & -1 & 1 & -3\end{bmatrix},\begin{bmatrix}1\\ 2\\ -1\\ 4\end{bmatrix}$$

[> LinearSolve(A,b);

Error, (in LinearAlgebra：- LinearSolve) inconsistent system

错误信息说明：此方程组是不相容的，没有解。

例 12.4　求解线性方程组$\begin{cases}x_1+x_2+x_3+x_4+x_5=1,\\ 3x_1+2x_2+x_3+x_4-3x_5=0,\\ x_2+2x_3+2x_4+6x_5=3,\\ 5x_1+4x_2+3x_3+3x_4-x_5=2。\end{cases}$

解　**方法一**　化简方程组，在 Maple 中做如下运算：

$[\;>\mathrm{restart}:$

$[\;>\mathrm{with}(\mathrm{LinearAlgebra}):$

$[\;>\mathrm{sys}:=[\,\mathrm{x}[1]+\mathrm{x}[2]+\mathrm{x}[3]+\mathrm{x}[4]+\mathrm{x}[5]=1,3*\mathrm{x}[1]+2*\mathrm{x}[2]+\mathrm{x}[3]+\mathrm{x}$
$[4]-3*\mathrm{x}[5]=0,\mathrm{x}[2]+2*\mathrm{x}[3]+2*\mathrm{x}[4]+6*\mathrm{x}[5]=3,5*\mathrm{x}[1]+4*\mathrm{x}[2]$
$+3*\mathrm{x}[3]+3*\mathrm{x}[4]-\mathrm{x}[5]=2\,];$

$sys:=[\,x_1+x_2+x_3+x_4+x_5=1,\ 3x_1+2x_2+x_3+x_4-3x_5=0,\ x_2+2x_3+2x_4+6x_5=$
$\qquad 3,5x_1+4x_2+3x_3+3x_4-x_5=2\,]$

$[\;>\mathrm{var}:=[\,\mathrm{x}[1],\mathrm{x}[2],\mathrm{x}[3],\mathrm{x}[4],\mathrm{x}[5]\,]:$

$[\;>\mathrm{solve}(\mathrm{sys},\mathrm{var});$

$[\,[\,x_1=-2+x_3+x_4+5x_5,x_2=3-2x_3-2x_4-6x_5,x_3=x_3,x_4=x_4,x_5=x_5\,]\,]$

从而可知 $\boldsymbol{\eta}^{*}=\begin{pmatrix}-2\\3\\0\\0\\0\end{pmatrix}$ 为原方程组的一个特解（解向量）。求对应齐次方程组的基础解系，

在 Maple 中做如下运算：

$\qquad[\;>(\mathrm{A},\mathrm{b}):=\mathrm{GenerateMatrix}(\mathrm{sys},\mathrm{var});$

$$A,b:=\begin{bmatrix}1&1&1&1&1\\3&2&1&1&-3\\0&1&2&2&6\\5&4&3&3&-1\end{bmatrix},\begin{bmatrix}1\\0\\3\\2\end{bmatrix}$$

$\qquad[\;>\mathrm{NullSpace}(\mathrm{A});$

$$\left\{\begin{bmatrix}5\\-6\\0\\0\\1\end{bmatrix},\begin{bmatrix}1\\-2\\0\\1\\0\end{bmatrix},\begin{bmatrix}1\\-2\\1\\0\\0\end{bmatrix}\right\}$$

因此，原方程组所对应的齐次方程组的一组基础解向量为：

$$\boldsymbol{\xi}_1=\begin{pmatrix}1\\-2\\1\\0\\0\end{pmatrix},\ \boldsymbol{\xi}_2=\begin{pmatrix}1\\-2\\0\\1\\0\end{pmatrix},\ \boldsymbol{\xi}_3=\begin{pmatrix}5\\-6\\0\\0\\1\end{pmatrix}。$$

因此，原方程组的通解为 $\boldsymbol{x}=k_1\boldsymbol{\xi}_1+k_2\boldsymbol{\xi}_2+k_3\boldsymbol{\xi}_3+\boldsymbol{\eta}^{*}$，其中 k_1,k_2,k_3 为任意常数。

方法二 在 Maple 中做如下运算：

[> LinearSolve(A,b);

$$
\begin{bmatrix}
-2 + \_t_3 + \_t_4 + 5\_t_5 \\
3 - 2\_t_3 - 2\_t_4 - 6\_t_5 \\
\_t_3 \\
\_t_4 \\
\_t_5
\end{bmatrix}
$$

再结合 NullSpace(A)命令可得相同的结果。

(3) 求带参数线性方程组的解

求带参数的线性方程组 $Ax = b$ 的解，可使用以下命令：

[> solve(sys,var,' parametric ' = full);

其中 sys 表示方程组，var 表示变量列表。

例 12.5 讨论 $\begin{cases} \lambda x_1 + x_2 + x_3 = 1, \\ x_1 + \lambda x_2 + x_3 = \lambda, \\ x_1 + x_2 + \lambda x_3 = \lambda^2 \end{cases}$ 的可解性。如有解，求出其全部解。

解 在 Maple 中做如下运算：

[> restart:

[> sys: = [lambda * x[1] + x[2] + x[3] = 1,x[1] + lambda * x[2] + x[3] = lambda,x[1] + x[2] + lambda * x[3] = lambda^2] ;

$$sys: = [\lambda x_1 + x_2 + x_3 = 1, x_1 + \lambda x_2 + x_3 = \lambda, x_1 + x_2 + \lambda x_3 = \lambda^2]$$

[> var: = [x[1],x[2],x[3]] :

[> solve(sys,var) ;

$$\left[\left[x_1 = -\frac{\lambda + 1}{\lambda + 2}, x_2 = \frac{1}{\lambda + 2}, x_3 = \frac{(\lambda + 1)^2}{\lambda + 2} \right] \right]$$

[> solve(sys,var,' parametric ' = full) ;

$$
\begin{cases}
\left[\{ x_1 = 1 - x_3 - x_2, x_2 = x_2, x_3 = x_3 \} \right] & \lambda - 1 = 0 \\
\left[\ \right] & \lambda + 2 = 0 \\
\left[\left\{ x_1 = -\frac{\lambda + 1}{\lambda + 2}, x_2 = \frac{1}{\lambda + 2}, x_3 = \frac{(\lambda + 1)^2}{\lambda + 2} \right\} \right] & And(\lambda - 1 \neq 0, \lambda + 2 \neq 0)
\end{cases}
$$

解得：当 $\lambda = 1$ 时，$x_1 = 1 - c_1 - c_2$，$x_2 = c_2$，$x_3 = c_1$ 其中 c_1, c_2 为任意常数。

当 $\lambda = -2$ 时，无解；

当 $\lambda \neq 1$ 和 $\lambda \neq -2$ 时，方程组有唯一解 $x_1 = -\frac{1 + \lambda}{2 + \lambda}, x_2 = \frac{1}{2 + \lambda}, x_3 = \frac{1 + 2\lambda + \lambda^2}{2 + \lambda}$。

12.3.2　求特征值和特征向量

求方阵 M 的特征值和特征向量有两种方法：

方法一　思路与笔算一样，只是使用 Maple 中的命令简化了计算：

（1）计算特征多项式，其命令格式为：

〔 > CharacteristicPolynomial(M,t)；

（2）求特征多项式的根（即求 M 的特征值）；

（3）求齐次线性方程组的基础解系（每个解向量即为 M 的特征向量）。

方法二　直接使用 Maple 命令，进行计算。求矩阵 M 特征值的 Maple 命令格式为：

〔 > LinearAlgebra〔 Eigenvalues 〕(M)；

求矩阵 M 特征向量的 Maple 命令格式为：

〔 > LinearAlgebra〔 Eigenvectors 〕(M)；

例 12.6　设 $A = \begin{pmatrix} 2 & -2 & 0 \\ -2 & 1 & -2 \\ 0 & -2 & 0 \end{pmatrix}$，求 A 的特征值和特征向量。

解　先计算 A 的特征多项式

$$f(t) = |A - tI| = \begin{vmatrix} 2-t & -2 & 0 \\ -2 & 1-t & -2 \\ 0 & -2 & -t \end{vmatrix}$$

在 Maple 中做如下运算：

〔 > restart：

〔 > with(LinearAlgebra)：

〔 > A：= Matrix（〔〔2,-2,0〕,〔-2,1,-2〕,〔0,-2,0〕〕）；

$$A := \begin{bmatrix} 2 & -2 & 0 \\ -2 & 1 & -2 \\ 0 & -2 & 0 \end{bmatrix}$$

方法一　在 Maple 中做如下运算：

〔 > CharacteristicPolynomial(A,t)；

$$t^3 - 3t^2 - 6t + 8$$

〔 > solve(% ,t)；

$$1, -2, 4$$

即 A 的特征值为 -2，1 和 4。以下求特征值对应的特征向量：

〔 > E：= LinearAlgebra〔 IdentityMatrix 〕(3)；

$$E := \begin{bmatrix} 1 & 0 & 0 \\ 0 & 1 & 0 \\ 0 & 0 & 1 \end{bmatrix}$$

[> NullSpace(A − E) ;

$$\left\{\begin{bmatrix} -1 \\ -\dfrac{1}{2} \\ 1 \end{bmatrix}\right\}$$

[> NullSpace(A + 2 ∗ E) ;

$$\left\{\begin{bmatrix} \dfrac{1}{2} \\ 1 \\ 1 \end{bmatrix}\right\}$$

[> NullSpace(A − 4 ∗ E) ;

$$\left\{\begin{bmatrix} 2 \\ -2 \\ 1 \end{bmatrix}\right\}$$

因此,对应于特征值 −2 的全部特征向量为 $k_1 \begin{pmatrix} 1 \\ 2 \\ 2 \end{pmatrix} (k_1 \neq 0)$,对应于特征值 1 的全部

特征向量为 $k_2 \begin{pmatrix} -2 \\ -1 \\ 2 \end{pmatrix} (k_2 \neq 0)$,对应于特征值 4 的全部特征向量为 $k_3 \begin{pmatrix} 2 \\ -2 \\ 1 \end{pmatrix} (k_3 \neq 0)$。

方法二 在 Maple 中做如下运算:

[> Eigenvalues(A) ;

$$\begin{bmatrix} 1 \\ -2 \\ 4 \end{bmatrix}$$

[> Eigenvectors(A) ;

$$\begin{bmatrix} 1 \\ 4 \\ -2 \end{bmatrix}, \begin{bmatrix} -1 & 2 & \dfrac{1}{2} \\ -\dfrac{1}{2} & -2 & 1 \\ 1 & 1 & 1 \end{bmatrix}$$

得到与方法一相同的结论。

12.3.3　二次型

二次型化为标准型的主要工作是求二次型矩阵的特征值与特征向量,使用 Maple 可提高计算效率。

例 12.7　用正交变换化二次型 $f = 2x_1 x_2 + 2x_1 x_3 - 2x_1 x_4 - 2x_2 x_3 + 2x_2 x_4 + 2x_3 x_4$ 为标准

型，并求出其正交变换矩阵。

解　二次型 f 的矩阵

$$A = \begin{pmatrix} 0 & 1 & 1 & -1 \\ 1 & 0 & -1 & 1 \\ 1 & -1 & 0 & 1 \\ -1 & 1 & 1 & 0 \end{pmatrix},$$

求特征值和特征向量，在 Maple 中做如下运算：

```
[ > restart：
[ > with(LinearAlgebra)：
[ > A：= Matrix([[0,1,1,-1],[1,0,-1,1],[1,-1,0,1],[-1,1,1,0]])：
[ > (b,a)：= Eigenvectors(A)；
```

$$b,a：= \begin{bmatrix} -3 \\ 1 \\ 1 \\ 1 \end{bmatrix}, \begin{bmatrix} 1 & -1 & 1 & 1 \\ -1 & 0 & 0 & 1 \\ -1 & 0 & 1 & 0 \\ 1 & 1 & 0 & 0 \end{bmatrix}$$

得 A 的特征值为 -3 和 1（三重根），且对应于特征值 $t=-3$ 的一个特征向量为 $\begin{pmatrix} 1 \\ -1 \\ -1 \\ 1 \end{pmatrix}$，而

对应于特征值 $t=1$ 的特征向量为 $\begin{pmatrix} -1 \\ 0 \\ 0 \\ 1 \end{pmatrix}$, $\begin{pmatrix} 1 \\ 0 \\ 1 \\ 0 \end{pmatrix}$ 和 $\begin{pmatrix} 1 \\ 1 \\ 0 \\ 0 \end{pmatrix}$。将它们正交化和单位化，在 Maple 中

做如下运算：

```
[ > a1：= Vector[row](a[..,1])；
[ > a2：= Vector[row](a[..,2])；
[ > a3：= Vector[row](a[..,3])；
[ > a4：= Vector[row](a[..,4])；
```

$$a1：= \begin{bmatrix} 1 & -1 & -1 & 1 \end{bmatrix}$$
$$a2：= \begin{bmatrix} -1 & 0 & 0 & 1 \end{bmatrix}$$
$$a3：= \begin{bmatrix} 1 & 0 & 1 & 0 \end{bmatrix}$$
$$a4：= \begin{bmatrix} 1 & 1 & 0 & 0 \end{bmatrix}$$

```
[ > b1：= a1；
```

$$b1：= \begin{bmatrix} 1 & -1 & -1 & 1 \end{bmatrix}$$

```
[ > b2：= a2 - a2.b1/(b1.b1)*b1；
```

$$b2 := \begin{bmatrix} -1 & 0 & 0 & 1 \end{bmatrix}$$

[> b3 := a3 - a3.b1/(b1.b1) * b1 - a3.b2/(b2.b2) * b2;

$$b3 := \begin{bmatrix} \dfrac{1}{2} & 0 & 1 & \dfrac{1}{2} \end{bmatrix}$$

[> b4 := a4 - a4.b1/(b1.b1) * b1 - a4.b2/(b2.b2) * b2 - a4.b3/(b3.b3) * b3;

$$b4 := \begin{bmatrix} \dfrac{1}{3} & 1 & -\dfrac{1}{3} & \dfrac{1}{3} \end{bmatrix}$$

[> b1/sqrt(b1.b1);

$$\begin{bmatrix} \dfrac{1}{2} & -\dfrac{1}{2} & -\dfrac{1}{2} & \dfrac{1}{2} \end{bmatrix}$$

[> b2/sqrt(b2.b2);

$$\begin{bmatrix} -\dfrac{1}{2}\sqrt{2} & 0 & 0 & \dfrac{1}{2}\sqrt{2} \end{bmatrix}$$

[> b3/sqrt(b3.b3);

$$\begin{bmatrix} \dfrac{1}{6}\sqrt{6} & 0 & \dfrac{1}{3}\sqrt{6} & \dfrac{1}{6}\sqrt{6} \end{bmatrix}$$

[> b4/sqrt(b4.b4);

$$\begin{bmatrix} \dfrac{1}{6}\sqrt{3} & \dfrac{1}{2}\sqrt{3} & -\dfrac{1}{6}\sqrt{3} & \dfrac{1}{6}\sqrt{3} \end{bmatrix}$$

所以得到正交变换矩阵为 $\boldsymbol{P} = \begin{pmatrix} \dfrac{1}{2} & -\dfrac{1}{\sqrt{2}} & \dfrac{1}{\sqrt{6}} & \dfrac{1}{2\sqrt{3}} \\ -\dfrac{1}{2} & 0 & 0 & \dfrac{\sqrt{3}}{2} \\ -\dfrac{1}{2} & 0 & \dfrac{2}{\sqrt{6}} & -\dfrac{1}{2\sqrt{3}} \\ \dfrac{1}{2} & \dfrac{1}{\sqrt{2}} & \dfrac{1}{\sqrt{6}} & \dfrac{1}{2\sqrt{3}} \end{pmatrix}$,

$\boldsymbol{P}^{-1}\boldsymbol{A}\boldsymbol{P} = \begin{pmatrix} -3 & & & \\ & 1 & & \\ & & 1 & \\ & & & 1 \end{pmatrix}$。设 $\boldsymbol{Y} = \begin{pmatrix} y_1 \\ y_2 \\ y_3 \\ y_4 \end{pmatrix}$，令 $\boldsymbol{X} = \boldsymbol{PY}$，则 $f = -3y_1^2 + y_2^2 + y_3^2 + y_4^2$。

12.4　命令小结

命令小结如表 12-1 所示。

表　12-1

生成系数矩阵，非齐次项向量和增广矩阵	$M := GenerateMatrix(sys, var, augmented = true)$， 其中 sys 是方程组，var 是变量列表。若命令中不写 augmented = true，则生成系数矩阵，非齐次项向量；若命令中写 augmented = true，则生成方程组的增广矩阵
求线性方程组 $AX = \boldsymbol{0}$ 的基础解系	$LinearAlgebra[NullSpace](A)$
求线性方程组 $AX = b$ 的通解	（1）先输入线性方程组的增广矩阵 M，采用 $LinearAlgebra :- ReducedRowEchelonForm(M)$ 命令将其化为行最简的阶梯形矩阵 （2）先使用 LinearAlgebra[LinearSolve] 或 solve 命令将线性方程组化简，如果解不唯一，求出非齐次线性方程组的一个特解，再使用 LinearAlgebra[NullSpace] 命令求出对应的齐次线性方程组的一个基础解系，从而推导出通解。线性方程组化简命令格式为： $LinearAlgebra[LinearSolve](A, b)$ 和 $solve(sys, var)$， 其中 A 是系数矩阵，b 为非齐次向量，sys 为方程组，var 为变量列表
求带参数线性方程组 $AX = b$ 的解	$solve(sys, var, 'parametric' = full)$， 其中 sys 是方程组，var 是变量列表
特征多项式	$CharacteristicPolynomial(M, t)$
求矩阵 A 的特征值	$LinearAlgebra[Eigenvalues](M)$
求矩阵 A 的特征值和特征向量	$LinearAlgebra[Eigenvectors](M)$

12.5　运算练习

1. 用基础解系表示 $\begin{cases} x_1 - x_2 + x_3 = 0, \\ 3x_1 - 2x_2 - x_3 = 0, \end{cases}$ 的全部解。

2. 判断线性方程组是否相容？若相容，求它的解：

（1）$\begin{cases} 4x_1 + 2x_2 - x_3 = 2, \\ 3x_1 - x_2 + 2x_3 = 10, \\ 11x_1 + 3x_2 = 8; \end{cases}$　　　（2）$\begin{cases} 2x_1 + x_2 - x_3 + x_4 = 1, \\ x_1 + 2x_2 + x_3 - x_4 = 2, \\ x_1 + x_2 + 2x_3 + x_4 = 3; \end{cases}$

$$(3) \begin{cases} x_1 + 2x_2 - x_3 - 2x_4 + x_5 = 1, \\ 2x_1 - 2x_2 + x_3 + x_4 - x_5 = 1, \\ 4x_1 - 10x_2 + 5x_3 + 7x_4 - 5x_5 = 1, \\ 2x_1 - 14x_2 + 7x_3 + 11x_4 - 7x_5 = -1. \end{cases}$$

3. 讨论当 λ 为何值时，线性方程组 $\begin{cases} 2x_1 - x_2 + x_3 + x_4 = 1, \\ x_1 + 2x_2 - x_3 + 4x_4 = 2, \\ x_1 + 7x_2 - 4x_3 + 11x_4 = \lambda \end{cases}$ 有解，并求出全部解。

4. 求矩阵的特征值和特征向量：

$(1) \begin{pmatrix} 1 & 2 & 3 \\ 2 & 1 & 3 \\ 3 & 3 & 6 \end{pmatrix};$ $\qquad$ $(2) \begin{pmatrix} 2 & -1 & 2 \\ 5 & -3 & 3 \\ -1 & 0 & -2 \end{pmatrix}.$

5. 用正交变换化下列二次型为标准型：

$(1) f = 3x_1^2 + 6x_2^2 + 3x_3^2 - 4x_1x_2 - 8x_1x_3 - 4x_2x_3;$

$(2) f = x_1^2 + x_2^2 + x_3^2 + x_4^2 + 2x_1x_2 - 2x_1x_3 - 2x_2x_4 + 2x_3x_4.$

6. 判别二次型 $f = 4x_1^2 + 4x_2^2 + 4x_3^2 + x_4^2 + 2x_1x_2 - 2x_2x_3 + 2x_1x_3$ 的正定性。

第 4 篇　数 理 统 计

第 13 章　统计分布、区间估计和假设检验

本章首先介绍调用动画理解有关概率分布概念和原理的方法，其次讲解使用 Maple 自主学习有关概率分布计算的方法，最后介绍使用 Maple 命令求均值、方差、概率、分位数、相关系数，进行区间估计和假设检验的方法。

13.1　动画制作

我们可以从"工具"菜单中选择"数学应用程序（Math Apps）"→"Probability and Statistics（概率与统计）"，从中调用以下数学应用程序，理解有关概率、分布的概念和原理。

Monte Carlo Approximation of π（π 的蒙特卡罗近似），

Coin Tosses（掷硬币实验）；

Letter Frequencies in Standard Text（标准文本中的字母频率）；

The Birthday Paradox（生日悖论）；

Monty Hall Problem（蒙提霍尔问题）；

Password Security（密码安全）；

Central Limit Theorem（中心极限定理）；

Continuous Distributions（连续分布）；

Discrete Distributions（离散分布）；

Normal Distribution（正态分布）。

13.2　自主学习

我们可在工具菜单中选择"任务（Task）"→"浏览"→"Statistics（统计）"，进入以下模板，进行相关运算。

Cumulative Distribution Function of a Random Variable（一个随机变量的累积分布函数）；

Define a Custom Probability Distribution（定义一个自定义的概率分布）；

Define a Random Variable（定义一个随机变量）；

Generate a Random Data Set（生成一个随机的数据集）；

Import a Data Set from a File（从一个文件中输入一个数据集）；

Moments of a Random Variable(一个随机变量的矩);

Probability Density Function of a Continuous Random Variable(连续型随机变量的概率密度函数);

Probability Function of a Discrete Random Variable(离散型随机变量的概率函数);

Maximum Likelihood Estimates(最大似然估计)。

13.3 数学运算

13.3.1 计算均值和方差

在 Maple 中求样本均值的命令格式为:

[> Statistics[Mean](数据样本);

求样本方差的命令格式为:

[> Statistics[Variance](数据样本);

例 13.1 对某单位 30 位职工访问调查,其所受教育时间(单位: 年)的数据如下:

18, 20, 16, 6, 16, 17, 12, 14, 16, 18, 14, 14, 16, 9, 20, 18, 12, 15, 13, 16, 16, 21, 21, 9, 16, 20, 14, 14, 16, 16。

求样本数据的均值和方差。

解 在 Maple 中做如下运算:

[> restart;

[> with(Statistics);

[> data: = [18,20,16,6,16,17,12,14,16,18,14,14,16,9,20,18,12,15,13,16, 16,21,21,9,16,20,14,14,16,16];

$data$: = [18,20,16,6,16,17,12,14,16,18,14,14,16,9,20,18,12,15,13,16,16, 21,21,9,16,20,14,14,16,16]

[> Mean(data);

$$15.4333333333333$$

[> Variance(data);

$$12.4609195402299$$

解得该组样本的均值 = 15.4333333333333, 方差 = 12.4609195402299。

13.3.2 计算相关系数

求两组数据 X 与 Y 的相关系数,可用以下命令:

[> with(Statistics);

[> Correlation(X,Y,ignore);

例 13.2　某饮料公司发现：饮料的销售量与气温之间存在着相关关系，即气温越高，人们对饮料的需求量就越大。观测值如下表 13-1 所示：

表　13-1

时期	1	2	3	4	5	6	7	8	9	10
气温/℃	30	21	35	42	37	20	8	17	35	25
销量/箱	430	335	520	490	470	210	195	270	400	480

求饮料销售量 y 与气温 x 之间的线性相关系数。

解　在 Maple 中做如下运算：

$[>$ restart：

$[>$ with(Statistics)：

$[>$ X：$= [30,21,35,42,37,20,8,17,35,25]$；

$$X：= [30,21,35,42,37,20,8,17,35,25]$$

$[>$ Y：$= [430,335,520,490,470,210,195,270,400,480]$；

$$Y：= [430,335,520,490,470,210,195,270,400,480]$$

$[>$ Correlation(X,Y,ignore)；

$$0.859366125070083$$

解得饮料销售量 y 与气温 x 之间的线性相关系数为 0.859366125070083。

13.3.3　常用统计分布

Maple 中有 37 个典型统计分布，其中 9 个为离散型分布，28 个为连续型分布。本章的命令小结中表 13-2 列出其中常用的 15 个统计分布。读者也可在 Maple 软件的帮助菜单中，通过查找"Probability Distributions"，了解 Maple 自带的统计分布。此外，我们也可使用 RandomVariable 命令自定义随机变量。

设随机变量服从 X 分布，在 Maple 软件中，求其大于 t 概率的命令格式为：

$[>$ with(Statistics)：

$[>$ CDF(X,t,numeric)；

其中若不写"numeric"，则给出精确值；否则给出近似值。

例 13.3　设随机变量 X 服从 $\chi^2(25)$ 分布，求 $P(X>30)$。

解　在 Maple 中做如下运算：

$[>$ restart：

$[>$ with(Statistics)：

$[>$ X：$=$ RandomVariable(ChiSquare(25))；

$$X: = \_R$$

[> CDF(X,30,numeric);

$$0.775710978617650$$

解得:$P(X>30) = 0.775710978617650$。

设随机变量服从 X 分布,求该随机变量的水平 t 的分位数,可用 Maple 命令:

[> with(Statistics):

[> Quantile(X,t,numeric);

其中若不写"numeric",则给出精确值;否则给出近似值。

例 13.4　求标准正态分布的水平 $\alpha = 0.05$ 的上侧分位数和双侧分位数。

解　在 Maple 中做如下运算:

[> restart:

[> with(Statistics):

[> Quantile(Normal(0,1),0.95,numeric);

$$1.64485362695213$$

[> Quantile(Normal(0,1),0.975,numeric);

$$1.95996398453944$$

解得:单侧分位数和双侧分位数分别为 1.64485362695213 和 1.95996398453944。

13.3.4　区间估计

(1) 总体方差已知,求单正态总体均值的置信区间

Maple 中求此类问题使用的命令格式为:

[> with(Statistics):

[> OneSampleZTest(数据,数据的均值,标准差,test_options,output = confidenceinterval);

其中 test_options 可取 confidence = float, float 为置信区间值,可取 0 到 1 之间的数,置信区间默认值是 0.95。test_options 和 output 的其他操作可见 Maple 中相关帮助。

例 13.5　已知某种建筑材料的抗压强度 X 服从正态分布,且方差 $\sigma^2 = 5$。从某天的产品中抽取 5 件,测得抗压强度(单位:kg/cm^2)如下:12.3, 12.1, 12.3, 12.0, 12.8,试求 X 的均值 μ 的置信区间($\alpha = 0.05$ 和 $\alpha = 0.1$)。

解　在 Maple 中做如下运算:

[> restart:

[> with(Statistics):

[> data: = [12.3,12.1,12.3,12.0,12.8];

$$data: = [12.3,12.1,12.3,12.0,12.8]$$

[> OneSampleZTest(data,Mean(data),sqrt(5.0),output = confidenceinterval);

$$10.3400360154606..14.2599639845394$$

[> OneSampleZTest(data,Mean(data),sqrt(5.0),confidence = 0.9,

output = confidenceinterval);

$$10.6551463730479..13.9448536269521$$

解得:置信度为 0.95 时,均值的置信区间为[10.34,14.26];置信度为 0.90 时,均值的置信区间为[10.6551,13.9449]。

(2)总体方差未知,求单正态总体均值的置信区间

在 Maple 中求此类问题使用的命令格式为:

[> with(Statistics):

[> OneSampleTTest(数据,Mean(数据),test_options,output = confidenceinterval);

其中 test_options 可取 confidence = float,float 为置信区间值,可取 0 到 1 之间的数,置信区间默认值是 0.95。test_options 和 output 的其他操作可见 Maple 中相关帮助。

例 13.6 设例 13.5 中抗压强度 $X \sim N(\mu, \sigma^2)$,且 σ^2 未知。试由测得的数据求 X 的均值 μ 的置信区间($\alpha = 0.05$ 和 $\alpha = 0.1$)。

解 在 Maple 中做如下运算:

[> restart:

[> with(Statistics):

[> data: = [12.3,12.1,12.3,12.0,12.8];

$$data: = [12.3,12.1,12.3,12.0,12.8]$$

[> OneSampleTTest(data,Mean(data),output = confidenceinterval);

$$11.9173070461246..12.6826929538754$$

[> OneSampleTTest(data,Mean(data),confidence = 0.9,output = confidenceinterval);

$$12.0061485007144..12.5938514992856$$

解得:置信度为 0.95 时,均值的置信区间为[11.9173,12.6827];置信度为 0.90 时,均值的置信区间为[12.0061,12.5939]。

(3)求单正态总体方差的区间估计

在 Maple 中讨论总体均值 μ 未知,总体方差 σ 的 $1 - \alpha$ 置信区间的问题,使用的命令格式为:

[> with(Statistics):

[> OneSampleChiSquareTest(数据,StandardDeviation(数据),test_options,

output = confidenceinterval);

其中 test_options 可取 confidence = float,float 为置信区间值,可取 0 到 1 之间的数,置信区间默认值是 0.95。test_options 和 output 的其他操作可见 Maple 中的相关帮助。

例 13.7 从一批零件中随机地抽取 9 个,测得长度(单位:mm)为 21.1, 21.3, 21.4, 21.5, 21.3, 21.7, 21.4, 21.3, 21.6。设零件长度服从正态分布,求零件长度的均方差 σ 的 95% 和 90% 置信区间。

解 在 Maple 中做如下运算:

[> restart:

[> with(Statistics) :

[> data: = [21. 1,21. 3,21. 4,21. 5,21. 3,21. 7,21. 4,21. 3,21. 6] ;

$$data: = [21. 1,21. 3,21. 4,21. 5,21. 3,21. 7,21. 4,21. 3,21. 6]$$

[> OneSampleChiSquareTest(data,StandardDeviation(data) ,

output = confidenceinterval) ;

$$0. 121769748595318. . 0. 345370502827492$$

[> OneSampleChiSquareTest(data,StandardDeviation(data) ,confidence = 0. 9,

output = confidenceinterval) ;

$$0. 129484682675002. . 0. 308457746412628$$

解得:由 χ^2 分布作出的均方差 σ 的置信度为 95% 的置信区间为:

$$[0. 121769748595318,0. 345370502827492]$$

由 χ^2 分布作出的均方差 σ 的置信度为 90% 的置信区间为:

$$[0. 129484682675002,0. 308457746412628]$$

13. 3. 5 假设检验

(1) 单正态总体均值和方差的假设检验

均值的假设检验。当方差已知时,服从正态分布 $N(\mu,\sigma^2)$ 数据组的均值假设检验可使用以下命令格式:

[> with(Statistics) :

[> OneSampleZTest(数据,均值,标准差,test_options,output = report) ;

当方差未知时,服从正态分布 $N(\mu,\sigma^2)$ 数据组的均值假设检验可使用以下命令格式:

[> with(Statistics) :

[> OneSampleTTest(数据,数据的均值,test_options,output = report) ;

其中 test_options 可取 confidence = float, float 为置信区间值,可取 0 到 1 之间的数,置信区间默认值是 0. 95。test_options 也可取 alternative = ' twotailed ', ' lowertail '或' uppertail '。test_options 和 output 的其他操作可参见 Maple 中的相关帮助。

例 13. 8 已知某炼铁厂在正常情况下产出铁水的含碳量 $X \sim N(4. 55,0. 108^2)$。现观测 5 炉铁水,测得它们的含碳量(%)分别为 4. 28, 4. 40, 4. 42, 4. 35, 4. 37。若方差未改变,问均值有无变化($\alpha = 0. 05$)。

解 这是正态总体方差已知时均值的双边检验问题,即 $H_0: \mu = 4. 55$; $H_1: \mu \neq 4. 55$ 。在 Maple 中做如下运算:

[> restart:

[> with(Statistics) :

[> data: = [4. 28,4. 40,4. 42,4. 35,4. 37] ;

$$data: = [4. 28,4. 40,4. 42,4. 35,4. 37]$$

[> OneSampleZTest(data,4. 55,0. 108,output = report) ;

$hypothesis = false,confidenceinterval = 4. 26933556560599. . 4. 45866443439401,$

$distribution = Normal（0，1），pvalue = 0.000117633635384288，statistic =$
-3.85100596077088

或

$$[> OneSampleZTest(data,4.55,0.108,confidence = 0.95,output = report)；$$

$$hypothesis = false, confidence interval = 4.26933556560599..4.45866443439401，$$

$$distribution = Normal(0,1)，pvalue = 0.000117633635384288，$$

$$statistic = -3.85100596077088$$

输出内容给出了检验报告：所用的检验统计量 X 为标准正态分布统计量，检验统计量的观测值为 -3.85100596077088，双侧检验的 P 值为 0.000117633635384288，在检验水平 $\alpha = 0.05$ 时，拒绝原假设 H_0，即认为铁水的平均含碳量有了变化。

方差的假设检验 设数据组服从正态分布 $N(\mu,\sigma^2)$，在 Maple 中讨论其方差是否改变的假设检验可使用以下命令格式：

$$[> with(Statistics)：$$

$$[> OneSampleChiSquareTest(数据,标准差,test\_options,output = report)；$$

其中 test_options 可取 confidence = float，float 为置信区间值，可取 0 到 1 之间的数，置信区间默认值是 0.95。test_options 也可取 alternative = ' twotailed '，' lowertail '或' uppertail '。test_options 和 output 的其他操作可见 Maple 中的相关帮助。

例 13.9 某厂生产的铜线的折断力服从正态分布 $X \sim N(\mu,\sigma^2)$，通常 $\sigma^2 = 64$。现从一批产品中抽查 10 根，测得折断力（单位：kg）数据如下：578，572，570，568，572，570，572，596，584，570。试问：这批铜线折断力的方差是否仍为 64 $(\alpha = 0.05)$？

解 这是一个正态总体的方差检验问题，即 $H_0：\sigma^2 = 64；H_1：\sigma^2 \neq 64$。在 Maple 中做如下运算：

$$[> restart：$$

$$[> with(Statistics)：$$

$$[> data：= [578.0,572,570,568,572,570,572,596,584,570]；$$

$$data：= [578.0,572,570,568,572,570,572,596,584,570]$$

$$[> OneSampleChiSquareTest(data,sqrt(64),confidence = 0.95,output = report)；$$

$$hypothesis = true, confidence interval = 5.98587906144150..15.8873538137569，$$

$$distribution = ChiSquare(9)，pvalue = 0.600928645745557，$$

$$statistic = 10.6500000000000$$

输出内容给出了检验报告：所用的检验统计量为 χ^2 分布统计量，自由度为 9，检验统计量的观测值为 10.6500000000000，双侧检验的 P 值为 0.600928645745557，在检验水平 $\alpha = 0.05$ 时，接受原假设 H_0，即可认为这批铜线折断力的方差仍为 64 (kg^2)。

（2）双正态总体均值和方差的假设检验

双正态总体均值的假设检验 方差已知时，均值差的假设检验可使用的命令格式：

$$[> with(Statistics)：$$

$$[> TwoSampleZTest(数据1,数据2,均值差,标准差1,标准差2,$$

test_options, output = report);

方差未知(相等)时，两个正态总体均值差的假设检验可使用的命令格式：

[> with(Statistics):

[> TwoSampleTTest(数据1, 数据2, 均值差, test_options, output = report);

其中 test_options 可取 confidence = float, float 为置信区间值, 可取 0 到 1 之间的数, 置信区间默认值是 0.95。test_options 也可取 alternative = ' twotailed ', ' lowertail '或' uppertail '。test_options 和 output 的其他操作可见 Maple 中的相关帮助。

例 13.10   分析两种葡萄酒 A 和 B 的含醇量, 分别进行了 6 次和 4 次测定。根据经验, 可以认为这两种酒的含醇量都服从正态分布, 且方差相等。测得数据如下：

| A | 12.18 | 12.65 | 12.10 | 12.53 | 12.76 | 12.70 |
| B | 12.20 | 12.52 | 12.53 | 12.86 | | |

问两种葡萄酒的含醇量的平均值是否有显著差异($\alpha = 0.05$)?

解   这是两个正态总体的均值在方差相等但未知的条件下是否相等的假设检验问题, 即 $H_0 : \mu_A = \mu_B$, $H_1 : \mu_A \neq \mu_B$, 在 Maple 中做如下运算：

[> restart:

[> with(Statistics):

[> list1 := [12.18, 12.65, 12.10, 12.53, 12.76, 12.70];

list2 := [12.20, 12.52, 12.53, 12.86];

$$list1 := [12.18, 12.65, 12.10, 12.53, 12.76, 12.70]$$

$$list2 := [12.20, 12.52, 12.53, 12.86]$$

[> TwoSampleTTest(list1, list2, 0, confidence = 0.95, output = report);

$hypothesis = true, confidenceinterval = -0.461624201272898..0.379957534606231,$

$distribution = StudentT(6.77057858121726), pvalue = 0.824104227192770,$

$statistic = -0.231047268147198$

输出内容给出了检验报告：所用的检验统计量为 t 分布统计量, 检验统计量的观测值为 -0.231047268147198, 双侧检验的 P 值为 0.824104227192770, 在检验水平 $\alpha = 0.05$ 时, 接受原假设 H_0, 即两种葡萄酒的平均含醇量无显著差异。

双正态总体方差比的假设检验   双正态总体方差比的假设检验可使用以下 Maple 命令格式：

[> with(Statistics):

[> TwoSampleFTest(数据1, 数据2, 两方差之比, test_options, output = report);

其中 test_options 可取 confidence = float, float 为置信区间值, 可取 0 到 1 之间的数, 置信区间默认值是 0.95。test_options 也可取 alternative = ' twotailed ', ' lowertail '或' uppertail '。test_options 和 output 的其他操作可见 Maple 中的相关帮助。

例 13.11   设香烟中尼古丁的含量服从正态分布。以某烟厂两种香烟中分别抽取 7 支

和 5 支测定其尼古丁的含量,数据(单位:mg)如下:

A	25	29	26	28	30	22	24
B	23	22	27	26	29		

能否认为两个正态总体的方差相等($\alpha = 0.05$)? 又问,两种尼古丁含量是否有显著差异($\alpha = 0.05$)?

解 这是检验两个正态总体的方差是否相等的假设检验问题,即

$$H_0: \sigma_A^2 = \sigma_B^2; \quad H_1: \sigma_A^2 \neq \sigma_B^2$$

在检验正态总体的方差是否相等以后,再根据实际情况检验两个总体的均值是否相等,即 $H_0: \mu_A = \mu_B$; $H_1: \mu_A \neq \mu_B$

在 Maple 中做如下运算:

$\lceil$ > restart:

$\lceil$ > with(Statistics):

$\lceil$ > list3 := [25.0,29,26,28,30,22,24];

list4 := [23.0,22,27,26,29];

$$list3 := [25.0,29,26,28,30,22,24]$$

$$list4 := [23.0,22,27,26,29]$$

$\lceil$ > TwoSampleFTest(list3, list4, 1, confidence = 0.95, output = report);

hypothesis = *true*, *confidenceinterval* = 0.107916497157301..6.18071647408992,

distribution = *FRatio*(6,4), *pvalue* = 0.944190584825164,

statistic = 0.992541594951234

输出内容给出了检验报告:所用的检验统计量为 F 分布统计量,自由度是(6,4),检验统计量观测值为 0.992541594951234,双侧检验的 P 值为 0.944190584825164,在检验水平 $\alpha = 0.05$ 时,接受原假设 H_0,即认为两个正态总体的方差相等。为讨论均值是否相等,在 Maple 中做如下运算:

$\lceil$ > TwoSampleTTest(list3, list4, 0, confidence = 0.95, output = report);

hypothesis = *true*, *confidenceinterval* = -2.94108790681656..4.71251647824513,

distribution = *StudentT*(8.75014446533209), *pvalue* = 0.612047332251104,

statistic = 0.525864525892692

输出内容给出了检验报告:所用的检验统计量为 t 分布统计量,检验统计量的观测值为 0.525864525892692,双侧检验的 P 值为 0.612047332251104,在检验水平 $\alpha = 0.05$ 时,接受原假设 H_0,即认为两种烟的尼古丁含量无显著差异。

在做区间估计和假设检验题目时,如希望得到详细的分析报告,可在 with(Statistics) 命令后增加 infolevel[Statistics] := 1 命令。

13.4 命令小结

命令小结如表 13-2、表 13-3 所示。使用以下命令时，必须先用语句 With(Statistics)调用统计包。

表 13-2

求样本的均值		Mean(数据样本)
求样本的方差		Variance(数据样本)
设随机变量服从 X 分布，求随机变量大于 t 的概率		CDF(X,t,numeric)，其中若不写"numeric"，则给出精确值；否则给出近似值。
设随机变量服从 X 分布，求该随机变量的水平 t 的分位数		Quantile(X,t,numeric)，其中若不写"numeric"，则给出精确值；否则给出近似值
两组数据 X 与 Y 的相关系数		Correlation(X,Y,ignore)
单正态总体均值的区间估计	方差已知	OneSampleZTest(数据,数据的均值,标准差,test_options,output = confidenceinterval)
	方差未知	OneSampleTTest(数据,Mean(数据),test_options,output = confidenceinterval)
单正态总体方差的区间估计		OneSampleChiSquareTest(数据,StandardDeviation(数据),test_options,output = confidenceinterval);
单正态总体均值的假设检验	方差已知	OneSampleZTest(数据,均值,标准差,test_options,output = report)
	方差未知	OneSampleTTest(数据,数据的均值,test_options,output = report)
单正态总体方差的假设检验		OneSampleChiSquareTest(数据,标准差,test_options,output = report)
双正态总体均值差的假设检验	方差已知	TwoSampleZTest(数据1,数据2,均值差,标准差1,标准差2,test_options,output = report);
	方差未知（相等）	TwoSampleTTest(数据1,数据2,均值差,test_options,output = report)
双正态总体方差比的假设检验		TwoSampleFTest(数据1,数据2,两方差之比,test_options,output = report)

表 13-3 常用分布

分布名称	Maple 中命令	分布名称	Maple 中命令
伯努利分布	Bernoulli	指数分布	Exponential
二项分布	Binomial	F 分布	FRatio
离散均匀分布	DiscreteUniform	Γ 分布	Gamma
几何分布	Geometric	对数正态分布	LogNormal
泊松分布	Poisson	正态分布	Normal
β 分布	Beta	t 分布	StudentT
柯西分布	Cauchy	均匀（矩形）分布	Uniform
χ^2 分布	ChiSquare		

其中 test_options 可取 confidence = float，float 为置信区间值，可取 0 到 1 之间的数，置信区间默认值是 0.95。test_options 也可取 alternative = ' twotailed '，' lowertail '或' uppertail '。test_options 和 output 的其他操作可见 Maple 中的相关帮助。

在做区间估计和假设检验题目时，如希望得到详细的分析报告，可在 with(Statistics)命令后增加 infolevel[Statistics] : = 1 命令。

13.5 运算练习

1. 设随机变量 X 服从 $t(10)$ 分布，求 $P(X > 10)$。

2. 某车间生产滚珠，从长期实践中知道，滚珠直径可认为是服从正态分布的。且其方差为 0.05。从某天生产的产品中随机抽取 6 个，测量其直径如下（单位:mm）：

$$14.93, 15.10, 14.98, 14.85, 15.15, 15.01$$

试对 $\alpha = 0.05$、$\alpha = 0.01$，分别找出滚珠平均直径 μ 的置信区间。

3. 由物理试验可知，压缩机膛内冷却用水的温度升高值服从正态分布。现测量 8 台工作的压缩机膛内冷却水温度升高值，得到数据（℃）如下：

$$6.4, 4.3, 5.7, 4.9, 6.5, 5.6, 6.4, 5.4$$

求温度升高的平均值 μ 的 90% 置信区间。

4. 已知某种材料的抗压值服从正态分布。现对 10 个试件做抗压值试验，得到数据（单位:10^6Pa）如下：

$$48.6, 38.6, 41.0, 42.7, 43.7, 50.0, 46.2, 44.8, 48.3, 47.3$$

试求该种材料平均抗压值的 95% 置信区间。

5. 假设初生男婴的体重服从正态分布。随机测定 12 名男婴的体重（单位:g）如下：

$$3100 \quad 2520 \quad 3000 \quad 3000 \quad 3600 \quad 3160$$
$$3560 \quad 3320 \quad 2880 \quad 2600 \quad 3400 \quad 2540$$

试求初生男婴体重的方差 σ^2 的 95% 置信区间。

6. 根据以往资料分析，某种电子元件的使用寿命服从正态分布，方差 $\sigma^2 = 11.25^2$。现从某周生产的一批电子元件中随机地抽取 9 只，测得其使用寿命为（单位:h）如下：

$$2315, 2360, 2340, 2325, 2350, 2320, 2335, 2335, 2325$$

问这批电子元件的平均使用寿命可否认为是 2350h（$\alpha = 0.05$）？

7. 设有甲、乙两台机床加工同样的产品。分别从甲、乙机床加工的产品中随机地抽取 8 件和 7 件，测得产品直径（单位:mm）如表 13-4 所示：

表 13-4

甲	20.5	19.8	19.7	20.4	20.1	20.0	19.6	19.9
乙	19.7	20.8	20.5	19.8	19.4	20.6	19.2	

已知两机床加工产品的直径长度分别服从方差为 $\sigma_1^2 = 0.3^2$ 和 $\sigma_2^2 = 1.2^2$ 的正态分布，问两机床加工产品直径的平均长度有无显著差异（$\alpha = 0.1$）？

8. 在正常情况下，某肉类加工厂生产的小包装纯精肉每包重量 X 服从正态分布，标准差为 $\sigma = 10$。某日抽取 12 包，测得其重量（单位：g）为：

$$501, 497, 483, 492, 510, 503, 478, 494, 483, 496, 502, 513$$

问该日生产的纯精肉每包重量的标准差是否正常（$\alpha = 0.1$）？

9. 抽样分析某种食品在处理前和处理后的含脂率，测得数据如下：

处理前 0.19　0.18　0.21　0.30　0.41　0.12　0.27

处理后 0.15　0.13　0.07　0.24　0.19　0.06　0.08　0.12

假设处理前后的含脂率都服从正态分布，试问处理前后含脂率的标准差是否有显著差异（$\alpha = 0.02$）？

10. 已知某种矿砂的含镍量 X 服从正态分布。现测定了 5 个样品，含镍量测定值（%）为

$$3.25　3.27　3.24　3.26　3.24$$

问在显著性水平 $\alpha = 0.01$ 下能否认为这批矿砂的含镍量是 3.25%？

11. 在针织品的漂白工艺过程中，要考察温度对针织品断裂强度的影响。根据经验可以认为在不同温度下断裂强度服从正态分布，且方差相等。在 70℃ 和 80℃ 两种温度下各作 8 次重复试验，得到强力的数据（单位：N/cm^2）如下表 13-5 所示：

表 13-5

70℃	20.5	18.8	19.8	20.9	21.5	19.5	21.0	21.2
80℃	17.7	20.3	20.0	18.8	19.0	20.1	20.2	19.1

试问不同温度下强力是否有显著差异（$\alpha = 0.05$）？

第14章 方差分析和回归分析

本章首先介绍调用动画理解曲线拟合原理的方法，其次讲解使用 Maple 自主学习曲线拟合的方法，最后介绍 Maple 中有关方差分析和一元回归分析的命令。

14.1 动画制作

我们可从"工具"菜单中选择"数学应用程序（Math Apps）"→"Probability and Statistics（概率与统计）"，从中调用"Curve Fitting（曲线拟合）"和"Least Squares Approximation（最小二乘逼近）"对话框，运行动画，理解曲线拟合和最小二乘逼近思想、方法。

14.2 自主学习

我们可在"工具"菜单中选择"任务（Task）"→"浏览"→"Statistics（统计）"，进入"Fit a Nonlinear Regression Model（非线性回归模型拟合）"模板，进行相关计算。

14.3 数学运算

14.3.1 方差分析

用 Maple 讨论方差分析的方法通常与笔算一致，只是使用 Maple 后，计算更加方便、快捷。为讨论方差分析，我们引入求和 add 命令，在求列表、向量、矩阵以及类似数据的有限和时，add 比 sum 更合适。add 命令格式如下：

$$[> add(f(k), k = m..n);$$

该命令可求 $\sum_{k=m}^{n} f(k)$，其中 m, n 是数。

（1）单因素方差分析

例14.1 考虑温度对某一化工厂产品成品率的影响。选定 5 种不同的温度各做 3 次试验，测得结果如表 14-1 所示：

表 14-1

温度/℃	40	45	50	55	60
成品率/%	91.42	92.75	96.03	85.14	85.14
	92.37	94.61	95.41	83.21	87.21
	89.50	90.17	92.06	87.90	81.33

检验温度对某化工产品成品率是否有显著影响。

解 本题需检验假设 $H_0: \mu_1 = \mu_2 = \mu_3 = \mu_4 = \mu_5$；$H_1: \mu_1, \mu_2, \mu_3, \mu_4, \mu_5$ 不全等。已知 $m = 5$，$n_1 = n_2 = n_3 = n_4 = n_5 = 3$，$n = 15$。在 Maple 中计算 S_T，S_A，S_E 和 F，并填写方差分析表，得出结论。在 Maple 中做如下运算：

```
[ > restart:
[ > m: = 5:
[ > nm: = [3,3,3,3,3];
```
$$nm: = [3,3,3,3,3]$$
```
[ > n: = 15:
[ > a: = <<91.42,92.37,89.50> | <92.75,94.61,90.17> | <96.03,95.41,
92.06> | <85.14,83.21,87.90> | <85.14,87.21,81.33>>;    按列输入试验值
```
$$a: = \begin{bmatrix} 91.42 & 92.75 & 96.03 & 85.14 & 85.14 \\ 92.37 & 94.61 & 95.41 & 83.21 & 87.21 \\ 89.50 & 90.17 & 92.06 & 87.90 & 81.33 \end{bmatrix}$$
```
[ > t: = seq(add(a[i,j],i = 1..3),j = 1..5);    计算每列试验数据之和
```
$$t: = 273.29, 277.53, 283.50, 256.25, 253.68$$
```
[ > T: = add(add(a[i,j],i = 1..3),j = 1..5);    计算全部试验数据之和
```
$$T: = 1344.25$$
```
[ > St: = add(add(a[i,j]^2,i = 1..3),j = 1..5) - T^2/n;    求总和 S_T
```
$$St: = 285.1016$$
```
[ > Sa: = add(t[i]^2/nm[i],i = 1..5) - T^2/n;    求组间即因素 A 的平方和 S_A
```
$$Sa: = 232.8559$$
```
[ > Se: = St - Sa;    求组内即误差的平方和 S_E
```
$$Se: = 52.2457$$
```
[ > F: = (Sa/(m-1))/(Se/(n-m));    求 F 比值
```
$$F: = 11.14234760$$

填写方差分析表如表 14-2 所示：

表 14-2

方差来源	平方和	自由度	平均平方和	F 值	临界值
组间	$S_A = 232.856$	4	$\overline{S}_A = 58.2139$	$F = 11.1423$	$F_{0.05}(4,10) = 3.48$
组内	$S_E = 52.2457$	10	$\overline{S}_E = 5.2246$		$F_{0.01}(4,10) = 5.99$
总和	$S_T = 285.102$	14			

因为 $F > F_{0.01}$，所以拒绝原假设 H_0，即认为不同的温度对化工产品成品率有特别显著的影响。

例 14.2 某灯泡厂用四种不同配料方案制成灯丝，生产了斯皮灯泡，抽样测得使用寿命如表 14-3 所示：

表 14-3

配料方案	1	2	3	4
试验数据 (使用寿命)	1600	1580	1460	1510
	1610	1640	1550	1520
	1650	1640	1600	1530
	1680	1700	1520	1570
	1700	1750	1640	1600
	1720	—	1660	1680
	1800	—	1740	—
	—	—	1820	—

试问不同的配料方案对灯泡的使用寿命有无显著影响。

解 本题需检验假设 $H_0: \mu_1 = \mu_2 = \mu_3 = \mu_4$；$H_1: \mu_1, \mu_2, \mu_3, \mu_4$ 不全等。已知 $m = 4$，$n_1 = 7$，$n_2 = 5$，$n_3 = 8$，$n_4 = 6$。为计算 S_T，S_A，S_E 和 F 比，在 Maple 中做如下运算：

[> restart;

[> b: = [[1600.0, 1610, 1650, 1680, 1700, 1720, 1800], [1580, 1640, 1640, 1700, 1750], [1460, 1550, 1600, 1620, 1640, 1660, 1740, 1820], [1510, 1520, 1530, 1570, 1600, 1680]];　　　　　　　　按列输入试验值)

$b:= [[1600.0, 1610, 1650, 1680, 1700, 1720, 1800], [1580, 1640, 1640, 1700, 1750], [1460, 1550, 1600, 1620, 1640, 1660, 1740, 1820], [1510, 1520, 1530, 1570, 1600, 1680]]$

[> nm: = [7, 5, 8, 6];

$$nm := [7, 5, 8, 6]$$

[> m: = 4;

[> n: = add(nm[i], i = 1..4);　　　　　　　计算样本总数

$$n := 26$$

[> t: = seq(add(b[i, j], j = 1..nm[i]), i = 1..numelems(nm));

$$t := 11760.0, 8310, 13090, 9410$$

[> T: = add(t[i], i = 1..4);　　　　　　　计算全部试验数据之和

$$T := 42570.0$$

[> st: = seq(add(b[i, j]^2, j = 1..nm[i]), i = 1..numelems(nm));

　　　　　　　计算每列数据平方和

$$st := 1.978540000\ 10^7, 13828100, 21503700, 14778700$$

[> St: = add(st[i], i = 1..4) − T^2/n;　　　　求总和 S_T

$$St := 1.9571154\ 10^5$$

[> Sa: = add(t[i]^2/nm[i], i = 1..4) − T^2/n;　　　求组间即因素 A 的平方和 S_A

$$Sa := 44360.71$$

[> Se: = St − Sa;

$$Se := 1.5135083\ 10^5$$

[> F:=(Sa/(m-1))/(Se/(n-m)); 求 F 比值

$$F:=2.149389424$$

填写方差分析表(表 14-4)如下:

表 14-4

方差来源	平方和	自由度	平均平方和	F 值	临界值
组间	$S_A = 44360.7$	3	$\overline{S}_A = 14786.9$		$F_{0.05}(3,22) = 3.05$
组内	$S_E = 151351$	22	$\overline{S}_E = 6879.59$	$F = 2.14939$	
总和	$S_T = 195712$	25			

因为 $F < F_{0.05}$,所以接受 H_0,即认为 4 种配料方案对灯泡的使用寿命没有显著影响。

(2)双因素方差分析

例 14.3 对木材进行抗压强度的试验,选择三种不同比重(g/cm^3)的木材:

$$A1:0.34 \sim 0.47;\ A2:0.48 \sim 0.52;\ A3:0.53 \sim 0.56$$

及三种不同的加荷速度($kg/cm^2 \cdot min$)

$$B1:600;\ B2:2400;\ B3:4200$$

测得木材的抗压强度(kg/cm^2)如表 14-5 所示。

表 14-5

A \ B	B1	B2	B3
A1	3.72	3.90	4.05
A2	5.22	5.24	5.08
A3	5.28	5.74	5.54

检验木材比重及加荷速度对木材的抗压强度是否有显著影响?

解 本题需检验假设 $H_{0A}:\mu_{A1} = \mu_{A2} = \mu_{A3};\ H_{1A}:\mu_{A1},\mu_{A2},\mu_{A3}$ 不全等;

$$H_{0B}:\mu_{B1} = \mu_{B2} = \mu_{B3};\ H_{1B}:\mu_{B1},\mu_{B2},\mu_{B3} \text{不全等。}$$

为计算 S_T, S_A, S_B, S_E 和 F 比,在 Maple 中做如下运算:

[> restart:

[> c:=[[3.72,3.90,4.05],[5.22,5.24,5.08],[5.28,5.74,5.54]];

按列输入试验数据

$$c:=[[3.72,3.90,4.05],[5.22,5.24,5.08],[5.28,5.74,5.54]]$$

[> m:=3:n:=3:

[> t1:=seq(add(c[i,j],j=1..3),i=1..3); 计算每列试验数据之和

$$t1:=11.67,15.54,16.56$$

[> t2:=seq(add(c[i,j],i=1..3),j=1..3); 计算每行试验数据之和

$$t2:=14.22,14.88,14.67$$

[> T:=add(t2[i],i=1..3); 计算试验数据之和

$$T:=43.77$$

$[\ >St: = add(\ add(\ c[\ i,j]\hat{}\ 2,j=1..3)\ ,i=1..3)\ -T\hat{}\ 2/(\ n*m)\ ;$　　求总平方和 S_T

$$St: = 4.6128000$$

$[\ >Sa: = add(\ t1[\ i]\hat{}\ 2/n,i=1..3)\ -T\hat{}\ 2/(\ n*m)\ ;$　　求因素 A 的平方和 S_A

$$Sa: = 4.4366000$$

$[\ >Sb: = add(\ t2[\ i]\hat{}\ 2/m,i=1..3)\ -T\hat{}\ 2/(\ n*m)\ ;$　　求因素 B 的平方和 S_B

$$Sb: = 0.0758000$$

$[\ >Se: = St-Sa-Sb;$　　求误差的平方和 S_E

$$Se: = 0.1004000$$

$[\ >Fa: = (\ Sa/(\ m-1))/(\ Se/((\ m-1)*(\ n-1)))\ ;$　　求因素 A 的 F 值

$$Fa: = 88.37848604$$

$[\ >Fb: = (\ Sb/(\ n-1))/(\ Se/((\ m-1)*(\ n-1)))\ ;$　　求因素 B 的 F 值

$$Fb: = 1.509960159$$

填写方差分析表如表 14-6 所示：

表 14-6

方差来源	平方和	自由度	平均平方和	F 值	临界值
因素 A	$S_A = 4.4366$	2	$\bar{S}_A = 2.2183$	$F_A = 88.37848604$	$F_{A0.01} = 18.00$
因素 B	$S_B = 0.0758$	2	$\bar{S}_B = 0.0379$	$F_B = 1.509960159$	$F_{B0.05} = 6.94$
误差	$S_E = 0.1004$	4	$\bar{S}_E = 0.0251$		
总和	$S_T = 4.6128$	8			

因为 $F_A > F_{A0.01}$，所以木材比重对抗压强度有特别显著的影响；$F_B < F_{B0.05}$，所以加荷速度对抗压强度无显著影响。

14.3.2　一元回归分析

用 Maple 进行一元回归分析时需先调出回归分析所用的软件包，再使用 LinearFit 命令。

$[\ >with(\ Statistics)\ :$

$[\ >LinearFit([\ 1,x]\ ,$自变量数据,因变量数据$,x,$option$)\ ;$

其中 option 可以是 output = solutionmodule (或 AtkinsonTstatistic, confidenceintervals, CookD-statistic, degreesoffreedom, externallystandardizedresiduals, internallystandardizedresiduals, leastsquares-function, leverages, parametervalues, parametervector, residuals, residualmeansquare, residualstandard-deviation, residualsumofsquares, standarderrors, variancecovariancematrix), 也 可 以 是 confi-dencelevel = 数值。

例 14.4　求例 13.2 中销售量 y 对温度 x 的回归直线方程及在气温 35℃ 时，置信度为

90% 的销售量的预测区间。

解 在 Maple 软件中做如下运算：

[> restart：

[> with(Statistics)：

[> X：= < 30,21,35,42,37,20,8,17,35,25 > ：

[> Y：= < 430,335,520,490,470,210,195,270,400,480 > ：

[> fit：= LinearFit([1,x],X,Y,x)；

$$fit：= 117.070158102767 + 9.73814229249012\, x$$

[> s：= LinearFit([1,x],X,Y,x,output = residualstandarddeviation)；

$$s：= 65.1734298885576$$

若要求在气温 35℃时，置信度为 90% 的销售量的预测区间，可在 Maple 软件中做如下运算：

[> n：= 10；

$$n：= 10 \qquad\qquad n\ 为样本数$$

[> a：= 0.1；

$$a：= 0.1 \qquad\qquad 1 - a\ 为置信度$$

[> x0：= 35；

$$x0：= 35$$

[> y0：= eval(fit1,x = x0)；

$$y0：= 457.905138339921$$

[> with(LinearAlgebra)；

[> lxx：= Norm(X,2)^2 - n * Mean(X)^2；

$$lxx：= 1012$$

[> Quantile(StudentT(n - 2),0.95)；

$$1.85954771984131$$

[> t：= % ；

$$t：= 1.85954771984131$$

[> d：= s * t * sqrt(1 + 1/n + (x0 - Mean(X))^2/lxx)；

$$d：= 130.711192089492$$

[> [y0 - d,y0 + d]；

$$[327.193946250429,588.616330429413]$$

所以，所求预测区间为（327.194,588.616）。如希望得到函数拟合运算的详细报告，可运行以下命令，

[> fiteq：= LinearFit([1,x],X,Y,x,output = solutionmodule)；

[> fiteq：- Results( )；

例 14.5 在某种产品表面进行腐蚀刻线的试验中，测得腐蚀深度 y 与腐蚀时间 x 之间对应的一组数据如表 14-7 所示：

表 14-7

x/s	5	10	15	20	30	40	50	60	70	90	120
$y/\mu\text{m}$	6	10	10	13	16	17	19	23	25	29	46

试给出腐蚀深度 y 对腐蚀时间 x 的回归直线方程；当腐蚀时间 x 控制在 75s 时预测腐蚀深度 y 的范围（$\alpha = 0.05$）；若要求腐蚀深度 y 在 $10 \sim 20\mu\text{m}$ 之间，问腐蚀时间 x 应如何控制（$\alpha = 0.05$）？

解 在 Maple 中做如下运算：

$\lceil > \text{restart}:$

$\lceil > \text{with}(\text{Statistics}):$

$\lceil > \text{X}: = <5,10,15,20,30,40,50,60,70,90,120>;$

$$X: = \begin{bmatrix} 1..11\,Vector_{column} \\ DataType: anything \\ Storage: rectangular \\ Order: Fortran\_order \end{bmatrix}$$

$\lceil > \text{Y}: = <6,10,10,13,16,17,19,23,25,29,46>;$

$$Y: = \begin{bmatrix} 1..11\quad Vector_{column} \\ DataType: anything \\ Storage: rectangular \\ Order: Fortran\_order \end{bmatrix}$$

$\lceil > \text{fit}: = \text{LinearFit}([1,x],X,Y,x);$

$$fit: = 5.34443288241415 + 0.304335761359695\,x$$

由上述结果可知腐蚀深度 y 对腐蚀时间 x 的回归直线方程为：

$$y = 5.34443288241415 + 0.304335761359695\,x$$

在 Maple 中做如下运算：

$\lceil > \text{s}: = \text{LinearFit}([1,x],X,Y,x,\text{output} = \text{residualstandarddeviation});$

$$s: = 2.23559394668316$$

$\lceil > \text{x0}: = 75;$

$$x0: = 75$$

$\lceil > \text{y0}: = \text{eval}(\text{fit},x = x0);$

$$y0: = 28.1696149843913$$

$\lceil > \text{with}(\text{LinearAlgebra}):$

$\lceil > \text{lxx}: = \text{Norm}(X,2)\text{\textasciicircum}2 - 11 * \text{Mean}(X)\text{\textasciicircum}2;$

$$lxx: = 13104.5454545455$$

$\lceil > \text{Quantile}(\text{StudentT}(9),0.975);$

$$2.26215658811496$$

$\lceil > \text{t}: = \% ;$

$$t := 2.26215658811496$$

$$[> d := s * t * sqrt(1 + 1/11 + (x0 - Mean(X))^2/lxx);$$

$$d := 5.43152451068651$$

$$[> [y0 - d, y0 + d];$$

$$[22.7380904737047, 33.6011394950778]$$

上述结果说明，当腐蚀时间在 75s 时，置信度为 95% 的腐蚀深度的预测区间为 (22.7381, 33.6012)。

$$[> Quantile(Normal(0,1), 0.975, numeric); \quad 求标准正态分布的 \alpha 分位点$$

$$1.95996398453944$$

$$[> u := \%;$$

$$u := 1.95996398453944$$

$$[> y1 := 10;$$

$$y1 := 10$$

$$[> y2 := 20;$$

$$y2 := 20$$

$$[> solve(-s * u + fit = y1, x);$$

$$29.69500100$$

$$[> solve(s * u + fit = y2, x);$$

$$33.75838400$$

上述两个输出结果说明若要求腐蚀深度在 $10 \sim 20 \mu m$ 之间，腐蚀时间必须控制在 $29.695 \sim 33.7584s$ 之间。

14.4 命令小结

命令小结如表 14-8。

表 14-8

运　算	Maple 命令
求 $\sum_{k=m}^{n} f(k)$，其中 m, n 是数。	add(f(k), k = m..n)
线性拟合	LinearFit([1, x], 自变量数据, 因变量数据, x, option)， 　其中 option 可以是 output = solutionmodule（或 AtkinsonTstatistic, confidenceintervals, CookDstatistic, degreesoffreedom, externallystandardizedresiduals, internallystandardizedresiduals, leastsquaresfunction, leverages, parametervalues, parametervector, residuals, residualmeansquare, residualstandarddeviation, residualsumofsquares, standarderrors, variancecovariancematrix), 也可以是 confidencelevel = 数值。 　如希望得到线性拟合运算的详细报告，可运行一下命令， $[> fiteq := LinearFit([1, x], 自变量数据, 因变量数据, x, output = solutionmodule);$ $[> fiteq: - Results();$

14.5　运算练习

1. 抽查某市三所小学毕业班男学生的身高, 测得数据如表 14-9 所示:

表　14-9 （单位:cm）

小　学	身高				
小学 A_1	128.1	134.1	133.1	138.9	140.8
小学 A_2	150.3	147.9	136.8	126.0	150.7
小学 A_3	140.6	143.1	144.5	143.7	148.5

试问该市这三所小学毕业班男学生的身高是否有显著差异?

填写方差分析表(见表 14-10):

表　14-10

方差来源	平方和	自由度	平均平方和	F 值	临界值	显著性
组间						
组内						
总和						

2. 甲、乙、丙三个班级高等数学考试, 成绩如表 14-11 所示:

表　14-11

班级	高等数学考试成绩													
甲	73	89	82	43	80	73	66	60	45	93	36	77		
乙	88	78	48	91	51	85	74	77	31	78	62	76	96	80	56
丙	68	79	56	91	71	71	87	41	59	68	53	79	15	

试问三个班级的平均成绩有无显著差异?

填写方差分析表(见表 14-12):

表　14-12

方差来源	平方和	自由度	平均平方和	F 值	临界值	显著性
组间						
组内						
总和						

3. 进行农业试验, 选择四个不同品种的小麦及三块试验田, 每块试验田分四块面积相等的土地, 各种植一个品种的小麦, 收获量如表 14-13 所示:

表　14-13 （单位:kg）

小麦品种 ＼ 试验田	B_1	B_2	B_3
A_1	26	25	24
A_2	30	23	25
A_3	22	21	20
A_4	20	21	19

检验小麦品种即试验田对收获量是否有显著影响?

填写方差分析表(见表 14-14):

表 14-14

方差来源	平方和	自由度	平均平方和	F 值	临界值	显著性
因素 A						
因素 B						
误差						
总和						

4. 四个工人分别操作三台机器各一天,日产量如表 14-15 所示:

表 14-15 （单位:只）

工人 ＼ 机器	B_1	B_2	B_3
A_1	50	63	52
A_2	47	54	42
A_3	47	57	41
A_4	53	58	48

检验工人和机器对产品产量是否有显著影响?

填写方差分析表(见表 14-16):

表 14-16

方差来源	平方和	自由度	平均平方和	F 值	临界值	显著性
因素 A						
因素 B						
误差						
总和						

5. 通过成年人身高与裤长的样本,研究身高与裤长的关系。现抽样测量了 16 个成年人身高与裤长的数据如表 14-17 所示:

表 14-17 （单位:cm）

总身高	143	145	146	147	149	150	153	154
裤长	88	85	88	91	92	93	93	95
总身高	155	156	157	158	159	160	162	164
裤长	96	98	97	96	98	99	100	102

试作出裤长对身高的回归方程,并检验相关关系是否显著。当身高为 180cm 时,给出裤长的预测区间($\alpha = 0.05$)。

6. 测定某种试验片的抗张力 y 与硬度 x 的关系,得到试验数据如表 14-18 所示:

表 14-18

硬度 x/HB	51	53	54	54	53	55	57	51	51	55
抗张力 y/(kg/mm^2)	44	50	41	44	47	56	56	50	47	56

(1)检验抗张力 y 与硬度 x 之间是否存在显著线性相关关系。若存在,求出 y 对 x 的线性回归方程;

(2)当硬度为 54HB 时,求预测抗张力的变化区间(置信度为 95%);

(3)若要以 95% 的把握使 y 介于 $45 \sim 60 kg/mm^2$ 之间,应把 x 控制在什么范围内?

参 考 文 献

［1］ Wieslaw Krawcewicz, Bindhyachal Rai. Maple 实验教程（英文版）［M］. 北京：机械工业出版社, 2008.

［2］ 张晗方. Maple 与数学实验 ［M］. 徐州：中国矿业大学出版社, 2013.

［3］ 张晓丹. Maple 的图形动画技术 ［M］. 北京：北京航空航天大学出版社, 2005.

［4］ 冯珍珍, 等. 高等数学计算实验教程 ［M］. 上海：华东理工大学出版社, 2001.

［5］ 何青, 王丽芬. Maple 教程 ［M］. 北京：科学出版社, 2006.

［6］ 王鸿业. 常微分方程及 Maple 应用 ［M］. 北京：科学出版社, 2011.

［7］ 游林. 初等数论及其在密码学中的应用与 Maple 实现 ［M］. 北京：科学出版社, 2009.

［8］ 章栋恩, 等. MATLAB 高等数学实验 ［M］. 北京：电子工业出版社, 2008.

［9］ 胡良剑, 孙晓君. MATLAB 数学实验 ［M］. 北京：高等教育出版社, 2006.

［10］ 陈怀琛, 高淑萍, 杨威. 工程线性代数（MATLAB 版）［M］. 北京：电子工业出版社, 2007.

［11］ 徐安农. Mathematica 数学实验 ［M］. 2 版. 北京：电子工业出版社, 2009.